上海大学出版社

2005年上海大学博士学位论文 10

U0358933

多体航天器姿态运动建模和非完整运动控制

- 作者：戈新生
- 专业：一般力学与力学基础
- 导师：陈立群

2005 年上海大学博士学位论文　10

多体航天器姿态运动建模和非完整运动控制

作　　者：戈新生

专　　业：一般力学与力学基础

导　　师：陈立群

上海大学出版社

·上海·

Shanghai University Doctoral Dissertation（2005）

Multibody Spacecraft Modeling of Attitude Motion and Nonholonomic Motion Planning

Candidate：Ge Xin-sheng

Major：General Mechanics

Supervisor：Prof．Chen Li-qun

Shanghai University Press

· Shanghai ·

上 海 大 学

　　本论文经答辩委员会全体委员审查,确认符合上海大学博士学位论文质量要求.

答辩委员会名单:

主任: 李俊峰　教授,清华大学工程力学系　　　　　100084

委员: 刘延柱　教授,上海交通大学工程力学系　　　200030

　　　梅凤翔　教授,北京理工大学应用力学系　　　100084

　　　程昌钧　教授,上海大学力学系　　　　　　　200072

　　　郭兴明　教授,上海应用数学和力学研究　　　200072

导师: 陈立群　教授,上海大学　　　　　　　　　　200072

答辩委员会对论文的评语

戈新生同学博士学位论文以航天工程为背景研究航天器姿态动力学建模和控制,对丰富和发展非完整控制系统理论,解决复杂机械系统在非完整约束下的控制问题具有重要的理论意义.

论文取得主要创新成果如下:

1. 提出一种基于完全笛卡儿坐标的多体系统动力学微分-代数型方程符号线性化方法.

2. 将遗传算法引入非完整运动规划中,研究并解决了具有非完整约束的空间机械臂、欠驱动航天器和带太阳帆板航天器等姿态运动优化控制问题.

3. 应用小波逼近研究多体航天器姿态的非完整运动规划.将小波分析与遗传算法结合,利用遗传算法搜索和寻求空间多体链式系统和双刚体航天器系统最优控制输入,从而得到系统的最优控制输入规律和系统姿态转换的优化轨迹.

论文选题新颖,有相当难度,工作量大,涉及面广泛,论文反映出作者较全面地掌握了与本课题相关的国内外发展动态.在答辩中论述清楚,回答问题正确.显示了作者具有坚实宽广的基础理论和系统深入的专门知识,具有很强的独立科研能力.

答辩委员会表决结果

经答辩委员会表决,全票同意通过戈新生同学的博士学位论文答辩,建议授予工学博士学位.

答辩委员会主席:李俊峰

2005 年 6 月 25 日

摘　　要

　　航天器姿态动力学与控制是一般力学的重要研究课题之一，也是一般力学在高科技领域应用的重要方面. 本文以多体航天器的姿态运动为工程背景，围绕多体航天器姿态动力学与控制问题展开研究，重点对多体航天器姿态运动建模方法和非完整运动规划技术两个方面进行了较深入的研究. 本文主要研究工作有以下几个方面：

　　(1) 利用一种新型的描述多体系统动力学方法——完全笛卡儿坐标法，研究空间多体航天器姿态运动建模. 利用固结于刚体上的参考点笛卡儿坐标和参考矢量(单位矢量)的笛卡儿分量定义自由多体系统的空间位置和姿态，给出由完全笛卡儿坐标表示的系统动量和动量矩解析表达式，导出多体航天器系统的动量和动量矩方程. 在无力矩状态下，系统的动量和动量矩方程可表示为初积分形式动力学方程，该方程能方便地描述空间机械臂关节点坐标和载体姿态坐标之间的速度映射关系. 利用空间机械臂逆动力学方法，给定空间机械臂臂端设计轨迹，通过仿真计算，求解了定义载体和机械臂的完全笛卡儿坐标运动规律，从而得到载体姿态角和机械臂各关节角运动轨迹.

　　(2) 研究了完全笛卡儿坐标描述的多体系统动力学方程线性化问题，探讨了多体系统微分-代数方程符号线性化计算机代数问题. 针对完全笛卡儿坐标建立的多体系统动力学微分-代数方程，由缩并法确定出系统的独立广义坐标，利用逐步线性化方法,分别对系统的广义质量阵、约束方程和广义力阵在平衡位置附近进行泰勒展开,提出一种基于完全笛卡儿坐标的多体系统动力学微分-代数方程符号线性化方法,通过算例验证了该方法的有效性.

(3) 运用多体动力学和分析力学方法,结合空间多体航天器的自由漂浮特性,分别导出五种类型多体航天器姿态的非完整运动模型,它们分别是带有两个动量飞轮航天器(欠驱动)、带太阳帆板航天器、带空间机械臂的三维姿态运动航天器、具有平面结构的空间多体链式系统以及带球铰和万向节铰的空间双刚体航天器模型等.

(4) 研究了多体航天器系统非完整运动规划的最优控制问题,即确定一组控制序列(控制输入)在有限时间内操纵一个非完整系统从任意初始状态到达任意末端状态.多体航天器系统在无外力矩作用时,系统相对于总质心的动量矩守恒而变为非完整系统.系统动力学方程可降阶为非完整形式约束方程,基于该方程,系统的控制问题转化为无漂移系统的非完整运动规划问题.利用无限维优化和控制理论,结合非完整控制系统特性,以系统耗散能量为性能指标,给出了无漂移系统的非完整运动规划的数值解.并成功地应用于带有两个动量飞轮航天器姿态机动问题和带太阳帆板航天器在太阳帆板展开过程中的姿态定向控制问题.

(5) 对遗传算法及其在非完整运动规划的应用进行了研究.将遗传算法引入到非完整运动规划中,利用遗传算法搜索和寻求最优控制输入,在遗传算法中运用实数编码以提高算法的运算效率和求解精度.对传统的遗传算法进行了多项改进,如采用最优个体保护策略、自适应技术等,以增强算法的搜索能力和全局优化性能. 提出非完整运动规划的遗传算法,解决了具有非完整约束的空间机械臂、欠驱动航天器和带太阳帆板航天器等姿态运动优化控制问题,并于第五章方法进行了对比验证.

(6) 研究了基于小波分析的非完整运动规划的数值算法问题. 在无限维优化控制中,非完整运动规划的控制输入可为 Hilbert 空间平方可积的向量函数,运用 Hilbert 空间的函数逼近,提出了一种基于小波逼近的非完整运动规划数值方法. 基本思想是用多分辨分析将构造出来的小波基张成小波子空间序列,控制输入函数在 n 维小波子空间上的投影就是小波级数中前 n 项部分和,分别用尺度函数和尺度函数叠加小波基函数逼近,得到了控制输入信号以及非完整系统的运动状态转换的优化轨迹. 该种方法与第六章的遗传算法相结合,又提出一种基于小波逼近的非完整运动规划遗传算法. 通过对具有平面结构的空间多体链式系统和空间双刚体航天器系统算例仿真研究,验证了这两种方法的有效性和可行性.

关键词 多体航天器,非完整约束,运动规划,遗传算法,小波分析

Abstract

Spacecraft attitude dynamic and control play an important role in the applications of general mechanics in the high technology field, and is one of the important research subjects of general mechanics. In this dissertation, multibody spacecraft attitude dynamics and control are investigated on the background of the attitude movement of the multibody spacecraft. The investigation focuses on the modelling method of attitude motion and the planning techniques of nonholonomic motion of the multibody spacecraft system. The main respects of the research are followings:

(1) The modelling of multibody spacecraft attitude motion is developed in the fully Cartesian coordinates method, which is a new approach to describe multibody system dynamics. The spatial position and attitude of the free multibody system are determined by the fully Cartesian coordinates of the base point placed on the rigid body and the Cartesian parts of the base vector (unit vector). Then the momentum and angular momentum of the system are analytically expressed in the fully Cartesian coordinates. Thus, the momentum and angular momentum equations of the multibody spacecraft are educed. In the torque-free case, the momentum and angular momentum equations of the system can serve as the dynamics equations in the form of first integral. The model can easily show the velocity mapping relations between the base attitude and joint angle of the

space manipulator. For a given designed trajectory of the end
of the space manipulator, the motion of the base and the
manipulator joints, described by fully Cartesian coordinates,
is calculated via the method of the inverted dynamics of the
space manipulator. Meanwhile, the motion of the base
attitude and joints angular of manipulator is obtained.

(2) The linearization problem of the dynamics equation
of multibody system in fully Cartesian coordinates is treated,
and a computer algebraic method for linearizing the
differential/algebra equation of the multibody system is
presented. In terms of, a successive linearization technique
together with a computer algebraic method is applied to
simplify symbolically a set of differential/algebra equations
describing the multibody system dynamic in fully Cartesian
coordinates. The generalized mass matrix, the constraint
equations and the generalized force matrix of the equation
system are expanded respectively in the neighboring regions
of their equilibrium positions by the Taylor expansions. The
symbolic linearization technique is obtained to solve the
differential/algebra equation of multibody system dynamics
based on fully Cartesian coordinate. The examples are given
to demonstrate the correctness and effectiveness of the
method.

(3) The methods of multibody dynamics and analytic
mechanics are employed to derive the dynamical equations of
five kinds of nonholonomic multibody spacecraft systems.
These systems include a spacecraft with two momentum
flywheels, a spacecraft with solar wings, a space manipulator
(the base with three degrees of freedom), a space multibody
chain system with plane structure, and a spacecraft consisting

two rigid body connected by a rolling joint or universal joint.

（4）The nonholonmic motion planning problem is tackled for the multibody spacecraft. Within the given time，the nonholonomic system can be controlled to steer from an arbitrary initial discretional attitude to any given final attitude by a set of control series（control input）. In the case of torque-free，the multibody spacecraft is a nonholonomic system because of the conservation of angular momentum relative to the mass center of the system. The dynamical equations of the system can be reduced to the equations with the nonholonomic constraint. Based on the equations，the control problem of the system is transformed into the nonholonmic motion planning without drift. The infinite dimension optimization theory is applied to develop a numerical method of the nonholonmic motion planning without drift，with a target function of the system's dissipation energy as and the nonholonomic characteristics. Therefore，the attitude maneuver problem can be solved successfully for the spacecraft with two momentum flywheels and the attitude reorientation problem in the stretching progress of solar wings on spacecraft.

（5）The genetic algorithm and its application in the nonholonmic motion planning are investigated. The genetic algorithm is introduced to the nonholonmic motion planning. The genetic algorithm searching principle is used to seek the optimal control input. In order to improve the operation efficiency and the computer precision，the real coding in the genetic algorithm is adopted. To strengthen searching ability and to improve the total optimization capability，the Simple Genetic Algorithm is improved in several aspects，such as considering the optimum individual defense tactics and adopting the adaptive technique etc. The genetic algorithm for the nonholonmic motion planning is used to solve the control problems of attitude motion of space manipulator, underactuated spacecraft and spacecraft with solar wings. This method is compared with other methods described in chapter 5.

(6) The numerical algorithm of the nonholonmic motion planning is investigated based on the wavelet analyses. In the infinite dimension optimization control, the control input of the nonholonmic motion planning can be expressed by the square integral vector function in Hilbert space. Used the projective theorem in Hilbert space, the numerical method of the nonholonmic motion planning is presented based on the wavelet approach. The main idea is that the projection of control input function on the n dimension wavelet subspace outspreaded by the wavelet base, is partial sum of the anterior n items wavelet progression. The scale function and the scale function added the wavelet functions are used to describe the control input law. Then the state trajectory of the nonholonomic motion planning can be obtained. Combined this method with the genetic algorithm in chapter 6, the genetic algorithm of the nonholonmic motion planning based on the wavelet approach is proposed. The simulation examples of space manipulator and two-rigid-body spacecraft demonstrate the validity and feasibility of these two methods.

Key words   multibody spacecraft, nonholonomic constraint, motion planning, genetic algorithm, wavelet analysis

目　　录

第一章 绪 论

1.1 引言

随着航天科学技术的高速发展,人类在研究、探索和利用空间的征途中取得巨大成就,为造福于人类和解决人类面临能源、生态和环境等问题开辟了多种新途径. 而这一切都是建立在严格的力学分析推理和工程实践的基础之上的. 在满足人类日益复杂的空间使用要求同时,航天器结构也日趋复杂化,简单的刚体模型或陀螺体模型已不能正确反映航天器的实际,于是多刚体模型、带挠性体和带充液的复杂模型便应运而生,并提出了许多新的理论研究课题[1,2]. 本论文围绕多体航天器姿态动力学与控制问题展开研究,重点讨论多体航天器姿态运动建模方法及非完整运动控制问题.

航天器姿态运动是指航天器相对于空间某参考坐标系的转动或定向,为了利用航天器执行特定空间任务,要求对航天器姿态进行控制并掌握其姿态运动的规律[3,4]. 如对地观测卫星要把星上遥感仪器(照相机镜头等)对准地面、通信卫星的定向通信天线应指向地面、卫星的太阳电池阵展开后应朝向太阳等等. 航天器姿态运动的研究方法通常是对航天器及其环境做出简化假设,建立力学模型,引入姿态参数列写描述姿态运动的微分方程,即数学模型. 然后用分析方法或计算机仿真来研究运动方程解的性质,从中得出有意义的结论. 在计算机和计算技术高度发展的今天,有可能对复杂的数学模型进行描述和求解. 因此如何提高计算效率,缩短计算时间,并在此基础上寻求航天器系统的建模和算法也是当前航天器姿态动力学的一个研究重点.

近年来,带有非完整约束的航天器和欠驱动航天器姿态动力学与控制问题得到广泛研究[5-7]. 所谓非完整或欠驱动系统是一类构成系统的广义坐标的维数多于控制输入维数的非线性系统. 非完整系统大多来自含有滚动接触(运动学约束)的系统和角动量守恒(动力学约束)的系统,这类系统在工程应用领域有着广泛的应用背景[8-12]. 工程技术中的各类机器人、车辆等许多带有轮子的系统都受到运动学非完整约束条件的限制,如手端与环境滚动接触的机器人操作器、轮式移动机器人、拖车,还有在平面上滑行的冰刀、平面上无滑动的滚动圆盘等等. 受动力学约束的系统因可能存在含有广义坐标导数的守恒量,当这个守恒量不可积时,则系统是非完整的. 最普遍的例子是系统角动量守恒且不可积. 这样的系统如多体空间机器人、带太阳帆板航天器以及欠驱动刚体航天器系统等都是非完整系统. 非完整系统控制问题属于一类特殊的非线性控制范畴,其系统表现出一些特殊的性质[13-15],如系统不满足精确线性化条件,也不能采用连续或光滑的纯状态反馈实现系统的渐近稳定性等等. 因此,对于大多数非完整控制系统,用一般线性控制理论和标准的非线性控制方法是很难解决的. 非完整控制系统又分为开环控制(运动规划)和闭环控制(反馈控制). 所谓运动规划问题就是采用一组控制序列(控制输入)在有限时间内操纵一个非完整系统从任意初始状态到达任意末端状态. 对于完整系统而言,总可以找到一组独立广义坐标,在此坐标空间内可以任意运动,并且可以从约束条件中解出若干状态变量,将系统转化为低维的无约束系统来研究. 相比而言,非完整系统不能用一组独立广义坐标表示,在坐标空间内并非每种运动都是可行的,只有满足非完整约束的那些运动才是可行的. 因此如何将现代控制理论方法与非完整特性结合,解决非完整系统的控制问题是一个具有挑战意义的课题. 本文重点讨论多体航天器受非完整约束的运动规划问题,也就是设计并施加控制使得系统在非完整约束下按可行轨迹运动达到预定控制目标是本文所关心的问题. 通过研究这类系统能够对非线性系统有更好和更深刻的认识,这对丰富和发展非完整控制系统理论,解决复杂机械系统在非完整或欠驱动约束下的控制问题具有重要的理论意义. 同时,研究非完整系统动力学特性与控制方法也可为各类工程应用系统的设计和运行提供基础理论和技术. 因此非完整系统动力学与控制研究具有重要的应用价值,并可对各类工程技术发展起到积极的推动作用.

1.2 多体航天器姿态动力学建模

1.2.1 姿态的描述

航天器姿态参数化描述是航天器姿态运动与控制的基础,它是建立在经典刚体动力学基础之上. 早期航天器的结构比较简单,在力学上将它当作刚体处理,因此航天器姿态运动的描述方法也完全利用描述刚体的参数化方法. 常用的姿态参数化描述方法有方向余弦矩阵、欧拉角、四元数、Rodrigues 参数等等[16].

姿态通常用两个坐标之间的相对转动关系来描述,因而一种刚体姿态总是对应于一个 3×3 方向余弦正交矩阵. 自由刚体相对于惯性坐标系的姿态可由唯一的 $A \in SO(3)$ 表示,三维旋转群 $SO(3)$ 又称为刚体姿态的位形空间. 方向余弦矩阵描述姿态是姿态描述方法之一,它是刚体姿态的全局描述,共需要 9 个参数,由于存在正交性条件,9 个元数中要满足 6 个约束方程,因而仅有 3 个独立参数. 因此用方向余旋矩阵表示航天器姿态,进行坐标变换时代数计算比较容易,方向余旋矩阵的导数矩阵具有紧凑的形式. 但它的不便之处是 9 个元素不独立,有多重解. 另外它的几何直观性差,不能直接看出坐标系之间转动的几何关系.

描述刚体姿态的最常用方法是欧拉角. 在航天领域中普遍采用欧拉角来表示航天器的运动姿态. 由于欧拉角方法只用三个独立的角度表示刚体的姿态,因此比方向余旋矩阵的 9 个元数表示要简洁得多. 在一定的条件下,刚体的任一姿态均可用一组欧拉角唯一地表示. 值得注意的是,任意两坐标系之间的转换可以按不同的顺序绕坐标轴转动.转动顺序不同,对应的一组(三个)欧拉角也不同,因而得到的坐标变换矩阵表达式也不同,但坐标变换矩阵的各元数的数值是唯一的,与所取转动顺序无关.在实际问题中,两个坐标系之间的相互方位,一般只采用确定的一组欧拉角来定义.分析航天器的姿态运动时,应根据力学意义或测量方式等情况选择适当的欧拉角坐标.

四元数的数学概念是由 Hamilton 于 1843 年首先提出来的,它是平面中的复数概念在三维空间中的推广,如同单位圆上的复数可用于描述平面姿态运动一样,四元数可用于描述空间姿态运动.与欧拉角不同的是四元数用四个参数来描述刚体姿态,这些参数满足一个约束条件.因此,四元数并不是刚体姿态的最小参数描述方法.然而,四元数不包含三角函数,没有奇点,约束条件简单,它的导数表达时易于应用[17,18].

在刚体姿态构型空间 $SO(3)$ 的另一种参数化方法是 Rodrigues 参数化方法,它是一种不包含超越函数的三参数方法,分为古典的 Rodrigues 参数和修正的 Rodrigues 参数.古典的 Rodrigues 参数是由欧拉轴和欧拉角的正切定义的.由于无法描述欧拉角大于等于 $180°$ 的刚体姿态,故对其进行修改得到修正的 Rodrigues 参数.从某种意义上来说,修正的 Rodrigues 参数是刚体姿态接近全局的最小(三参数)描述方法.与四元数相比,Rodrigues 参数将描述刚体姿态的参数的个数有四个减少为三个,是刚体姿态的最小描述.但是在接近奇异点时,它的数值可以很大,而四元数每个参数的绝对值不能超过 1.近 10 年来,航空航天等领域学者利用 Rodrigues 参数描述航空器和航天器运动学和动力学模型,研究并实现了用 Rodrigues 参数作为姿态反馈信息进行姿态控制[19].

Tsiotras 和 Longuski[20,21]最近提出一种描述刚体旋转运动的新方法.这种新方法提供了旋转群的三维参数用于两次正交旋转,因此它是介于欧拉角(三次旋转)和 Rodrigues 参数(一次旋转)之间的一种描述方法.姿态运动方程为两个标量微分方程.这种新方法已在航天器控制和机器人控制领域得到理论应用,并且用于欠驱动航天器的姿态控制中.

1.2.2 姿态动力学建模

航天器系统是一个多体系统,建立多体航天器姿态运动模型,通常大多利用多体动力学方法. 主要有牛顿-欧拉方法、拉格朗日方法、哈密顿方法、Roberson-Wittenburg 方法以及 Kane 方法等等. 在姿态动力学中,相当广泛的一类问题的运动方程可由牛顿-欧拉方程列写出来. 由于动量及动量矩等具有鲜明的物理意义,能方便地写成广义坐标的函数,因此应用比较广泛. 但随着组成系统的刚体数目增多,刚体之间联系状况和约束方式变得极其复杂. 对作为隔离体的单个刚体列写牛顿-欧拉方程时,铰约束力的出现使未知变量的数目明显增多. 因此,Magnus 和 Haug 等人对牛顿-欧拉方法进行了改进和发展[22,23],如制定出便于计算机识别刚体联系状况和约束形式的程式化方法,并致力于自动消除铰的约束反力等. 随后的 Roberson 和 Schiehlen 方法等都是牛顿-欧拉方程的另外几种表达形式[24,25].

拉格朗日方程是以拉格朗日函数和广义坐标来表示,它可避免出现不作功的理想约束反力,使未知变量的数目减少到最低程度. 但随着刚体数和自由度的增多,动能和势能函数的项数急剧扩张,求导数的计算工作量庞大,推导过程繁琐且容易出错. 当系统稍有改变或者物理模型稍有变化时,就必须重新推导. 但是拉格朗日方程的推导过程虽然繁琐却十分程式化,因此可利用计算机代替手工操作.

哈密顿原理属于力学中的积分变分原理,它只涉及系统的状态函数,如系统的总动能及总势能,而不涉及用多少个参数(广义坐标)表达系统的状态,该原理不但能用于离散系统(有限个自由度),也能用于连续系统(无限度自由度).

Roberson 和 Wittenburg 利用图论的一些基本概念和数学工具将图论引入多刚体系统动力学[26],借助图论工具描述多刚体系统的结构,以邻接刚体之间的相对位移作为广义坐标,导出适合于任意多刚体系统的普遍形式动力学方程. 并利用增广体概念对方程的系数矩阵作出力学解释.

旋量方法是沿着另一条独立途径发展的动力学分析方法[27]. 旋量形式的动力学方程实际上是牛顿-欧拉方程的一种简练表达形式. 刘延柱将旋量的对偶数记法改为矩阵记法并与图论概念结合, 建立了一种新型多刚体系统动力学方程.

Kane 提出了一种分析复杂系统动力学的新方法[28]. 最先用于分析航天器系统, 以后发展为使用范围更广泛的普遍性方法. 这种方法的特点是利用广义速率代替广义坐标描述系统的运动, 避免使用动力学函数求导的繁琐步骤, 并将矢量形式的力与达朗伯惯性力直接向特定的基矢量方向投影以消除理想约束力, 直接利用达朗伯原理建立动力学方程. 它既适用于完整系统, 也适用于非完整系统.

空间多体航天器姿态运动建模可以分为两种模式: 载体姿态受控和载体自由漂浮. 载体姿态受控模型因载体自身带有位置和姿态的控制系统, 可以控制或抵消各分体运动对载体位姿的影响, 空间多体航天器动力学模型和地面多体系统动力学模型相似. 在自由漂浮的空间多体航天器系统中, 由于载体不受反推进器和反推进轮的控制作用, 若空间多体航天器系统不受外力和外力矩的作用, 则系统的动量和角动量保持守恒, 多体航天器载体的速度和各分体速度之间存在耦合, 载体的位置和姿态均随各分体运动而自由漂浮, 完全不同于地面多体系统. 这是空间多体航天器系统中比较典型和复杂的一种模型, 其运动学和动力学呈现一些特殊的性质[29-31].

目前, 自由漂浮空间多体航天器姿态运动建模发展了几种方法, 但大都针对某一具体模型, 尤其是在空间机器人方面. 例如 Vafa 和 Dubowsky 等人提出了虚拟机械臂 (VM) 建模方法[32], 它是一种是比较典型的建模方法, 该方法的基本出发点是建立在微重力环境下适用的动量守恒和角动量守恒的理论基础之上, 将虚拟机器人的基座定义在真实机器人与其载体共同的质心上, 再通过几何构造原理构造出虚拟机器人结构, 以使地面机器人的控制方法可以应用到上述虚拟机械臂结构. Umetani 和 Yoshida 提出了反映空间机器人微分运动学的广义雅可比矩阵方法[33]. 该方法可以应用在分解运动速度控制, 转置雅可比控制和分解运动加速度控制等不同控制方法中. Papadopoulos 等人应用了一种程式化的拉格朗日方法建模[34], 该方法能够直接得到系统的封闭解析方程, 但缺点是往往造成推导过程中维数过高, 计算量过大. Saha 采用了牛顿-欧拉建模方法[35], 提出扩展质量矩阵和扩展总动量等新概念, 并结合动量定理和动能定理, 得到一个描述系统动量的通用表示法.

由 Garcia 和 Bayo 等人提出的"完全笛卡儿坐标"方法是一种新的多体系统动力学方法[36,37]. 该方法基于完全笛卡儿坐标-参考点和参考矢量描述系统的位置和姿态, 而不需要角度坐标. 因此具有一些突出的优点, 其一约束方程为二次代数方程, 因此雅可比矩阵为坐标线性函数; 其二在惯性系中, 动力学方程的质量阵是常值阵, 并且方程中不出现重力项和哥氏力项. 约束方程可以通过系统的各分体刚体条件和联接分体的铰或运动副的约束条件获得. 由于雅可比矩阵是线性的, 可以大大提高计算效率. 这种建模方法已成功地用于空间机构的动力学分析. 本文第二章拟将这种方法推广到自由漂浮多体航天器姿态运动建模中.

1.3 多体航天器姿态运动控制

在空间运行的物体, 不论是自然天体或是人造天体, 其运动可以分解为两部分: 一部分是物体作为一个等效质点在所有外力(引力场的引力和非引力场的外力)的作用下产生的质心平动运动, 另一部分是物体在外力矩作用下产生的绕其质心的转动运动. 对航天器而言, 前者是航天器轨道动力学的研究范畴, 而后者则是航天器姿态动力学的研究内容. 所谓姿态就是指卫星相对于空间某参考坐标系的方位或指向. 早在人造地球卫星上天之前, 天体力学家就曾对最熟悉的两个自然天体——地球和月球的姿态运动进行了深入的研究. 例如18 世纪对地球自旋运动的研究, 发现了地球自旋轴在空间指向的岁差和章动;而对月球(它不自旋)姿态的研究则发展了月球的天平动理论. 人造地球卫星上天后,为了充分利用人造卫星执行特定空间任务,对卫星的姿态运动提出了许多新要求、新课题,促使航天器姿态动力学和控制的研究工作蓬勃发展.

在轨运行的航天器都承担特定的探测、开发和利用空间的任务,为了完成这些任务,对航天器的姿态控制提出了各种要求,这些要求主要包括姿态稳定和姿态控制两大类型[38,39].

第一类是要求将航天器上安装的有效载荷对空间的特定目标定向、跟踪或扫描. 例如通信卫星的定向天线要指向地面特定目标区,对地观测卫星的观测仪器应瞄准地球上某目标或按一定规则对目标扫描;空间探测卫星要求探测器指向空间某方向,等等. 为此,航天器需要捕获目标,并在捕获目标后保持跟踪和定向. 这种克服内外干扰力矩使航天器姿态保持对某参考方位定向的控制任务称为姿态稳定. 另一类任务则是要求航天器从一种姿态转变到另一种姿态,称为姿态机动或姿态再定向. 例如当任务要求航天器改变其运行轨道时,必须启动通常与航天器固连的变轨发动机,在某给定方向产生速度增量,为此,需要将航天器姿态从机动前状态变更到满足变轨要求的状态. 姿态稳定和姿态机动都要求姿态控制,其目的是通过控制作用克服干扰以消除由姿态测量给出的实际姿态与期望姿态的偏差. 测量航天器相对于空间某些已知基准目标(如地球、太阳、恒星)的方位并处理出航天器姿态的过程称姿态确定. 它是姿态控制必要的组成和前提. 某些空间任务不要求对航天器进行姿态控制,但要求对航天器进行姿态确定,以便对航天器有效载荷所获得的数据赋予时间和空间指向标志.

除航天器本体的姿态控制外,为了完成空间任务还需要对航天器某些分系统进行局部指向控制,如要求对能源分系统的太阳电池阵进行对日定向控制,对通信分系统的天线进行对地或对其他航天器定向控制等. 有时为了获得有效载荷的精确指向,还采用多级控制,即在实现航天器本体姿态控制的基础上,再利用与有效载荷本身有关的敏感器和执行机构实现更精确的指向控制.

对多体航天器姿态控制的研究方法主要有以下几种：一是利用航天器载体内携带的反作用轮和反作用喷气装置控制本体的位置和姿态. 二是设计特殊几何构造的航天器附件如太阳帆板、机械臂等等,利用对称性,平衡附件对载体产生的反作用力,使航天器载体姿态保持不变. 三是采用不同的控制算法,精确地控制附件的运动轨迹,使载体的姿态按预先指定的要求运动,或者维持最初姿态不变.

Lindberg 等人提出的姿态控制方案计算维持机器人载体姿态不变所需要的动量[40],并利用反作用轮提供这些动量. Yoshida 提出的基于计算动量的反作用补偿方法[41],在进行姿态控制时要比基于计算力矩的方法简单. 这几种方法都是利用反作用喷气装置或反作用轮控制姿态. 反作用喷气装置是一种外力控制装置,可以同时控制机器人的位置和姿态,它基于动量守恒原理工作. 喷气装置的使用将消耗机器人携带的不可再生的燃料,缩短机器人的轨道使用寿命,而且使用喷气装置会使机器人产生突然运动,不利于精确的操作. 反作用轮是一种内力控制装置,它只能控制机器人载体的姿态,基于角动量守恒原理工作. 反作用轮使用通过太阳辐射生成的,并存储于可充电电池中的电能,这种能量是可再生的. 但是充电电池提供的电能是有限的,因此,反作用轮调节载体姿态的能力也有限. 而且反作用轮在工作过程中很容易达到动量饱和,如果不将多余的能量转移,反作用轮就无法连续工作,因此在姿态控制中应尽量少用反作用轮和反作用喷气装置.

目前多数航天器姿态控制算法的理论研究仍然集中在如何控制航天器的附件运动,使航天器载体的初始姿态保持不变或变化到期望的姿态. 例如 Vafa 等人提出利用空间机器人所特有的非完整冗余特性[42],通过机械手在关节空间做闭合路径的运动,调节本体的姿态角. Dubowsky 等人已证明机械手按不同的方向运动对载体姿态的影响也不同[30],产生最小姿态干扰和最大姿态干扰的机械手的运动方向在关节空间中是垂直的. Nenchev 提出的基于固定姿态限制雅可比矩阵的姿态控制方法[43]，或者使姿态改变最小. Fernandes 等人通过机械臂的运动调整航天器载体的姿态[44,45]，将空间载体姿态的优化控制转化为非完整运动规划问题，提出一种近似优化控制的数值算法. Papadopoulos 等人研究多空间机械手的运动规律[46]，提出双臂协调法概念，使用一个臂的运动补偿另一个臂的运动对本体姿态产生的影响.

在多体航天器中，还有情况是具有链式结构的非完整约束系统，这类问题的系统维数更高，控制更为复杂. 对这类问题不少学者也作了很多有益的研究，提出了不少解决问题的方法，这部分内容将在第四章中介绍.

1.4　论文内容概述

本文结合国家自然科学基金资助项目"复杂航天器姿态运动的非线性控制"（批准号：10082003，参加）和"欠驱动非完整多体系统动力学与控制研究"（批准号：10372014，主持）开展了多体航天器姿态运动建模方法及非完整运动控制方面的研究，主要研究内容分为八章，各章内容安排如下：

第一章　介绍本文的研究背景和意义，对相关领域的国内外研究情况进行了综述. 概述了论文研究内容和主要工作.

第二章　简要介绍了完全笛卡儿坐标表示方法，包括各类约束以及约束方程的形式. 研究由完全笛卡儿描述的多体系统动力学建模方法. 以完全笛卡儿坐标为基础导出多体系统的动量和动量矩方程，给出在无力矩状态下空间机械臂初积分形式动力学方程，用于空间机械臂逆动力学分析，并对给定机械臂臂端设计轨迹进行了平面和空间两种情况的逆动力学仿真计算.

第三章　讨论了多体系统微分-代数方程线性化计算机代数问题. 利用完全笛卡儿坐标，建立了多体系统动力学微分-代数方程. 对该方程利用逐步线性化方法，即分别对多体系统微分-代数方程的广义质量阵、约束方程和广义力阵在平衡位置附近进行泰勒展开. 提出一种基于完全笛卡儿坐标的多体系统动力学微分-代数方程符号线性化方法. 通过算例验证了该方法的有效性.

第四章　简要介绍了非完整约束和非完整控制系统以及非完整运动规划的一些背景知识,包括约束的分类、Pfaffian 约束、非完整控制系统的模型及其工程应用、非完整运动规划的一般方法和技术等. 简要阐述了非完整多体航天器姿态运动规划的研究概况和意义.

第五章　研究了非完整运动规划的优化控制问题. 运用最优化理论和技术,结合非完整特性和 Ritz 近似理论,给出非完整运动规划的高斯-牛顿迭代法. 导出带有两个动量飞轮航天器和带太阳帆板航天器姿态运动模型. 求解了带有两个动量飞轮航天器姿态再定向问题和带太阳帆板航天器在太阳帆板展开过程的姿态控制问题.

第六章　研究了非完整运动规划的遗传算法问题. 将遗传算法引入到非完整运动规划中,提出用实数编码提高算法的运算效率和求解精度,并且对传统的遗传算法进行了改进,以增强算法的搜索能力和全局优化性能. 导出空间机械臂系统的动力学模型,将该方法应用于空间机械臂和欠驱动航天器以及带太阳帆板航天器姿态的非完整运动规划问题,并于第五章方法进行了对比验证.

第七章　研究了基于小波分析的非完整运动规划的数值算法问题. 讨论了用于多分辨分析的 Daubechies 小波函数的构造. 根据最优控制理论和最优化方法,提出了一种基于小波逼近的非完整运动规划数值方法. 控制输入分别用尺度函数和尺度函数叠加小波函数逼近,从而求出非完整系统状态转换的优化轨迹. 与第六章的遗传算法相结合,又提出了一种基于小波逼近的非完整运动规划遗传算法. 导出了具有平面结构的多体链式模型和空间双刚体航天器姿态运动模型. 并对具体模型进行仿真研究,验证了提出的两种数值方法的可行性与正确性.

第八章　总结了全文的工作,并指出了进一步的研究方向.

1.5 作者主要工作

本文主要研究工作有以下几个方面.

（1）利用一种新的描述多体系统动力学方法——完全笛卡儿坐标法，研究空间多体航天器姿态运动建模. 利用固结于刚体上的参考点的笛卡儿坐标和参考矢量（单位矢量）的笛卡儿分量定义自由多体系统的空间位置和姿态，给出由完全笛卡儿坐标表示的系统动量和动量矩解析表达式，导出多体航天器系统的动量和动量矩方程. 在无力矩状态下，系统的动量和动量矩方程可表示为初积分形式动力学方程，该方程能够方便地描述空间机械臂关节坐标和载体姿态坐标之间的速度映射关系. 利用空间机械臂逆动力学方法，对给定空间机械臂臂端设计轨迹进行了逆动力学仿真计算. 求解了载体和机械臂各关节的完全笛卡儿坐标运动规律，得到了空间机械臂载体姿态角和机械臂各关节角的运动轨迹.

（2）对完全笛卡儿坐标描述的多体系统动力学方程进行了研究，探讨了多体系统微分-代数方程线性化计算机代数问题. 针对完全笛卡儿坐标建立的多体系统动力学微分-代数方程，对多体系统微分-代数方程先采用缩并法确定系统的独立广义坐标，而后利用逐步线性化方法，分别对微分-代数方程的广义质量阵、约束方程和广义力阵在平衡位置附近进行泰勒展开. 给出一种基于完全笛卡儿坐标的多体系统动力学微分-代数方程符号线性化方法，通过算例验证了该方法的有效性.

（3）研究了多体航天器系统非完整运动规划（开环控制）问题，即确定一组控制信号（控制输入）在有限时间内操纵一个非完整系统从任意初始状态到达任意末端状态，多体航天器系统在无外力矩作用时，系统相对于总质心的动量矩守恒而变为非完整系统. 系统动力学方程可降阶为非完整形式约束方程. 基于该方程，系统的控制问题转化为无漂移系统的非完整运动规划问题. 运用 Hilbert 空间的函数逼近,结合非线性优化理论和技术,以系统耗散能量为性能指标,给出了无漂移系统的非完整运动规划的数值解,并成功地应用于带有两个动量飞轮航天器姿态机动问题和带太阳帆板航天器在太阳帆板展开过程中的姿态定向控制问题.

(4) 对遗传算法及其在非完整运动规划的应用进行了研究. 将遗传算法引入到非完整运动规划中,利用遗传算法搜索和寻求最优控制输入. 在遗传算法中运用实数编码、最优个体保护策略、自适应技术等,提高了算法的运算效率和求解精度,导出了带空间机械臂的航天器三维姿态运动动力学模型,将基于遗传算法的最优运动规划方法应用于空间机械臂和欠驱动航天器以及带太阳帆板航天器姿态运动优化控制问题,并于第五章方法进行了对比验证.

(5) 研究了基于小波分析的非完整运动规划的数值算法问题. 针对非完整运动规划中控制输入为 Hilbert 空间平方可积的向量函数,提出了一种基于小波逼近的非完整运动规划数值方法. 基本思想是用多分辨分析将构造出来的小波基张成小波子空间序列,控制输入函数在 n 维小波子空间上的投影就是小波级数中前 n 项部分和,分别用尺度函数和尺度函数叠加小波函数逼近,确定了控制输入规律,从而得到非完整运动规划的系统状态转换的优化轨迹. 同时,结合第六章的遗传算法,又提出了一种基于小波逼近的非完整运动规划遗传算法. 通过对空间多体链式模型和双刚体航天器模型算例仿真,证明了这两种方法的有效性和可行性.

第二章 多体系统的完全
笛卡儿坐标描述

2.1 完全笛卡儿坐标简介

完全笛卡儿坐标方法描述多体系统是由 Garcia de Jalón 和 Bayo 等人在 20 世纪 90 年代提出的一种方法[36],由于该方法建模过程简易直观,便于程式化,几何意义明晰,具有较高的仿真计算效率,在机械系统运动学和动力学建模和仿真计算方面得到广泛应用. 本节简要介绍完全笛卡儿坐标方法.

2.1.1 完全笛卡儿坐标

完全笛卡儿坐标是另一种形式的绝对坐标法,该方法利用固结于刚体上的参考点(基点)的笛卡儿坐标和参考矢量(单位基矢量)的笛卡儿分量描述系统的空间位置和姿态. 一般情况下,参考点和参考矢量位于联接刚体的关节铰处,由于它们被邻接刚体共享,则总坐标数目相应减少. 选择参考点和参考矢量通常应遵循以下原则:

(1) 每个刚体上必须选取一定数目的参考点和参考矢量,用于完全定义刚体的位形.

(2) 在球铰(S)、旋转铰(R)、万向节铰(U)和其他一些关节铰中,需选取一个参考点,这个参考点由该关节铰连接的两个刚体所共享.

(3) 对于转动或移动的关节铰,需在运动轴线上选取一个参考矢量,矢量方向沿着该轴线,或者根据系统拓扑结构可用两个参考点代替这个参考矢量.

(4) 对于一些特殊的关节铰,如万向节铰(U),需要另外引入某些特殊的参考点和参考矢量.

图 2.1 表示几种刚体模型的完全笛卡儿坐标描述,参考点和参考矢量还可能组合出更多的情况,通过这些参考点和参考矢量可以完全确定刚体的位形.

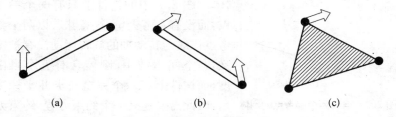

(a)　　　　　　　(b)　　　　　　　(c)

图 2.1　完全笛卡儿坐标系下的几种刚体模型

完全笛卡儿坐标表示的变量个数与绝对坐标中的其他表示如欧拉角(或欧拉参数)相比有所减少,变量个数减少的原因有两点:其一是消除了角度变量,其二是由于某些情况下两个或多个刚体共享一个参考点或一个参考矢量.由于变量个数减少从而使得计算简化,而且描述系统位形也显得更简洁.另外,从二维平面问题转化为三维空间问题时,完全笛卡儿坐标方法建立的约束方程复杂程度的增加量从数学角度上看只是线性的,因为其中只是在模型上增加了一些参考点和参考矢量以及它们之间点积映射方程.这与使用方向余弦坐标变量方法相比具有较大的优越性,含有超越函数的方向余弦矩阵在从二维到三维的转化中复杂程度增加得很多.另外,参考点间距离或参考矢量间夹角均为直接与机械设计有关的参数,有利于优化分析.

2.1.2　约束方程[37,47-49]

利用完全笛卡儿坐标建立多体系统的约束方程主要有两种途径:一是每个物体的刚体约束条件,称之为刚体约束;二是由关节铰(运动副)产生的约束条件,称之为铰约束.对于刚体约束方程,多体

系统中每个刚体的位形都由参考点的笛卡儿坐标和参考矢量的投影
分量描述,其约束方程的数目等于刚体上的完全笛卡儿坐标变量数
减去刚体自由度数. 根据选取的参考点和参考矢量的数目不同有多
种不同的情况,归纳起来常见的主要有以下几种.

（1）带有两个参考点的刚体　图 2.2 中的构件上只有两个参考

图 2.2　含有两个参考点的刚体

点,而没有参考矢量. 这意味着以两个参
考点连线为转动轴的旋转运动没有被定
义,在空间运动中,刚体含有五个自由
度,而构件上有六个完全笛卡儿坐标变
量,因此需要建立一个约束方程. 约束方
程形式如下

$$r^{ij} \cdot r^{ij} - L_{ij}^2 = 0 \qquad (2.1)$$

其中 r^{ij} 表示相对位置矢量.

（2）含有三个非共线参考点的刚体　图 2.3 中构件的空间运动
则可以由三个参考点的运动表示,它含有九个坐标变量和六个自由
度,需要建立三个刚体约束方程,
可以从三角形三条边的长度约束
条件得到下式

$$r^{ij} \cdot r^{ij} - L_{ij}^2 = 0$$

$$r^{jk} \cdot r^{jk} - L_{jk}^2 = 0 \qquad (2.2)$$

$$r^{ki} \cdot r^{ki} - L_{ki}^2 = 0$$

图 2.3　含有三个非共线
参考点的刚体

（3）含有三个共线点的刚体　如图 2.4 所示,当刚体上的三个参

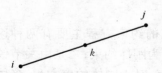

图 2.4　含三个共线参考点的刚体

考点共线的时候,式(2.2)的三个方程
之间线性相关. 由于刚体有九个坐标变
量和五个自由度,于是需要建立四个约
束方程,其中一个是参考点 i 和 j 之间
的长度约束方程.

$$r^{ij} \cdot r^{ij} - L_{ij}^2 = 0 \qquad (2.3)$$

矢量 r^{ij} 可以写成矢量 r^{ik} 乘以常数 α，它们之间是线性关系，从中可以建立三个约束方程

$$r^{ij} - \alpha r^{ik} = 0 \qquad (2.4)$$

（4）含有两个参考点和一个参考矢量的刚体　图 2.5 中的刚体上含有两个参考点和一个参考矢量. 它有九个坐标变量和六个自由度，需要建立三个约束方程，可以由参考点 i 和 j 之间的长度约束，矢量 u^m 和矢量 r^{ij} 之间的常量夹角约束以及单位参考矢量 u^m 的模为 1 三个条件得到

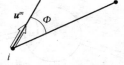

$$r^{ij} \cdot r^{ij} - L_{ij}^2 = 0$$
$$r^{ij} \cdot u^m - L_{ij} \cos \phi = 0 \qquad (2.5)$$
$$u^m \cdot u^m - 1 = 0$$

图 2.5　含两个参考点和一个参考矢量的刚体

（5）含有两个参考点和两个参考矢量的刚体　图 2.6 中刚体含有两个参考点和两个参考矢量，它有 12 个独立坐标变量和六个自由度，需要建立六个约束方程，这六个方程分别为：一个长度约束方程，三个角度约束方程（两个矢量与构件之间的角度约束方程和两矢量之间的角度约束方程），以及两个单位矢量模的约束方程

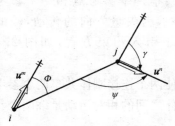

图 2.6　含有两个参考点和两个参考矢量的刚体

$$r^{ij} \cdot r^{ij} - L_{ij}^2 = 0 \qquad\qquad u^m \cdot u^n - \cos \gamma = 0$$
$$r^{ij} \cdot u^m - L_{ij} \cos \phi = 0 \qquad\qquad u^m \cdot u^m - 1 = 0$$
$$r^{ij} \cdot u^n - L_{ij} \cos \psi = 0 \qquad\qquad u^n \cdot u^n - 1 = 0 \qquad (2.6)$$

对于选取更多的参考点和参考矢量的较复杂空间刚体，其约束

方程可由类似上述方法得到. 利用完全笛卡儿坐标建立刚体约束方程归纳有以下三种途径：

（1）参考点之间的固定长度条件；

（2）单位参考矢量之间的固定夹角条件；

（3）单位参考矢量模的约束条件.

铰约束方程是用于限制系统中各关节铰相连接刚体之间的相对运动约束条件. 由于引入不同的关节铰其约束形式也各异. 工程中常见的关节铰有：球铰 (S)；旋转铰 (R)；圆柱铰 (C)；棱铰 (P) 和万向节铰 (U) 等等.

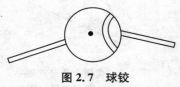

图 2.7 球铰

1. 球铰 (S)　球铰如图 2.7 所示，两个相邻接物体共享一个参考点时，它们之间唯一可能的运动就是绕此参考点的转动，球铰的运动约束条件也就自动被考虑在内. 所以球铰是一种不引入铰约束方程的运动副.

2. 旋转铰 (R)　两个相邻刚体共享一个参考点和一个参考矢量时，此时唯一可能的运动就是绕参考矢量方向的转动，铰的约束条件自动满足，所以旋转铰也不引入约束方程，如图 2.8（a）所示.

另一种表示旋转铰约束的方法是使两个连接刚体共享两个参考点，如图 2.8（b）所示，此时两个相邻刚体之间的相对运动是绕两个参考点连线为轴的转动.

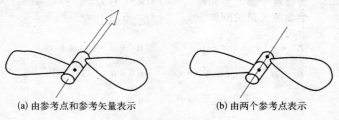

(a) 由参考点和参考矢量表示　　　　(b) 由两个参考点表示

图 2.8 旋转铰

3. 圆柱铰(C) 圆柱铰有两个自由度,需建立四个约束方程. 在图 2.9(a)中所示的圆柱铰中,两个邻接刚体共享一个位于旋转轴上的参考矢量. 由此可建立两个约束方程,即每个刚体上都可找到一个矢量与共用参考矢量之间的叉积关系. 另外两个方程可以通过每个刚体的参考点连线与共用参考矢量共线条件得到.

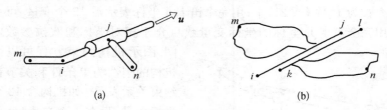

(a)   (b)

图 2.9 圆柱铰(棱铰)

4. 棱铰(P) 棱铰只有一个方向的自由度,需要建立五个约束方程. 其中部分约束方程与圆柱铰的方程相同,实际上所有被圆柱铰限制的自由度同样也被棱铰限制,此外还需要建立一个约束方程用于限制两个刚体之间绕轴的相对转动.

5. 万向节铰(U) 图 2.10 表示一个万向节铰示意图和完全笛卡儿坐标系下的模型,万向节铰有两个自由度,需建立四个约束方程. 在图 2.10(b)中,参考矢量 u^m 和矢量 r^{ij} 属于一个刚体且互相垂直,矢量 u^n 和矢量 r^{jk} 属于另一个刚体且互相垂直,于是参考点 j 被当作公用点由两个刚体所共享,另外,两矢量之间保持垂直,根据这些条件可得该运动副的约束方程.

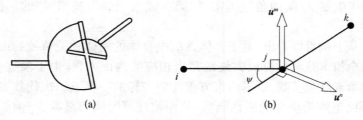

(a)   (b)

图 2.10 万向节铰

以图 2.11 所示空间机构为例(RSCR),其中 A、B 为转动铰,S 为球铰,C 为圆柱铰,该机构为一个自由度. 选取机构上的三个参考点 1、2、3 和一个参考矢量 u_1,坐标变量分别为(x_1, y_1, z_1)、(x_2, y_2, z_2)、(x_3, y_3, z_3)和(u_{1x}, u_{1y}, u_{1z}). 图中 RSCR 机构若用相对坐标表示的变量个数为 4 个;用绝对坐标使用欧拉角(或欧拉参数)表示的变量个数为 18 个(或 21)个;用完全笛卡儿坐标表示需 12 个变量. 可见使用完全笛卡儿坐标的坐标变量数目介于相对坐标和欧拉参数之间. 图示机构约束方程可以用机构的刚性约束条件和关节铰约束关系表示,如机构含 12 个坐标变量,只有 1 个自由度,可列出 11 个约束方程. 以图 2.1 中构件③为例,构件③由 1、2 两个参考点和一个参考矢量 u_1 确定,共有 9 个完全笛卡儿坐标和 6 个自由度,于是有 3 个约束方程

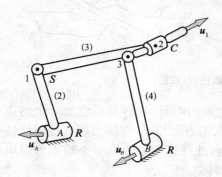

图 2.11 空间 RSCR 机构

$$(x_2 - x_1)^2 + (y_2 - y_1)^2 + (z_2 - z_1)^2 - L_{12}^2 = 0$$
$$(x_2 - x_1)u_{1x} + (y_2 - y_1)u_{1y} + (z_2 - z_1)u_{1z} - L_{12}\cos\varphi = 0$$
$$u_{1x}^2 + u_{1y}^2 + u_{1z}^2 = 1 \tag{2.7}$$

式中第一式表示参考点 1 和 2 之间的距离为常值,第二式表示构件③与参考矢量 u_1 间的角度为常量,第三式表示参考矢量 u_1 的单位模条件.

从上例可以看出,对于多体系统中分体的刚体和关节铰约束,利用完全笛卡儿坐标可以方便地写出相应的约束方程,由于没有引入欧拉角或欧拉参数,所得约束方程均为坐标的一次或二次代数方程,雅可比矩阵为坐标的线性函数,从而使计算时间明显减少. 例如,图中 RSCR 机构的雅可比矩阵若用欧拉参数表示共有 137 个非零元

素,而使用完全笛卡儿坐标则只有 57 个非零元素,这样便使计算量减少,计算效率得到提高.

2.2 多体系统动力学建模

2.2.1 多体动力学两类方程

对于多刚体系统,自 20 世纪 80 年代以来,航天与机械两大工程领域从各自研究对象的特征出发,分别提出不同的建模策略,主要区别是对刚体位形的不同描述[50].

航天领域以系统每个铰的一对邻接刚体为单元,以一个刚体为参考物,另一个刚体相对该刚体的位形由铰的广义坐标来描述,即邻接刚体之间的相对转角或位移作为广义坐标. 这样树系统的位形完全可由所有铰的相对坐标阵 q 所确定. 其动力学方程的形式为二阶微分方程组,即

$$A\ddot{q} = B \qquad (2.8)$$

这种形式首先在解决拓扑为树的航天器问题时推出[19,20]. 其优点是方程个数最少,但方程呈严重非线性,矩阵 A 与 B 的形式十分复杂. 为使方程具有程式化与通用性,在矩阵 A 与 B 中包含描述系统拓扑的信息.

机械领域是以系统每一个物体为单元,建立固结在刚体的坐标系,刚体位形均相对于一个公共参考基进行定义,其位形坐标统一为刚体质心的笛卡儿坐标与描述姿态的欧拉角姿态坐标,一般情况下为 6 个. 对于 N 个刚体的系统,位形坐标阵 q 中的坐标个数为 $6N$,由于刚体之间存在约束,这些位形坐标不独立. 系统动力学模型的一般形式可表示为

$$\begin{cases} M\ddot{q} + \Phi_q^{\mathrm{T}}\lambda = Q \\ \Phi(q,\ t) = 0 \end{cases} \qquad (2.9)$$

式中 Φ_q 为约束方程雅可比矩阵,λ 为拉格朗日乘子. 这类数学模型为

微分-代数型方程组形式.

上述不同类型的多刚体系统动力学模型形成了两种完全不同的数值处理方法,在软件的实现上也各不相同. 因此,就多体系统而言,存在相对坐标和绝对坐标两种相互独立的多体系统动力学的建模方法. 完全笛卡儿坐标是另一种形式的绝对坐标方法.

2.2.2 完全笛卡儿坐标形式动力学建模

在完全笛卡儿坐标中,建立动力学方程通常利用拉格朗日方程或虚功率原理. 这里介绍虚功率原理,即惯性力虚功率等于外力虚功率,通过求解虚功率可以确定出系统的质量阵. 设$(O\text{-}XYZ)$为惯性坐标系,$(A\text{-}xyz)$为刚体连体坐标系(见图 2.12).

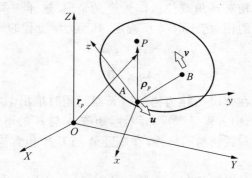

图 2.12　完全笛卡儿坐标描述的空间刚体

选择 A、B 两点为参考点,u、v 为参考矢量. 刚体的惯性力虚功率表示为

$$W = \int_v (\delta\dot{r}_p)^\mathrm{T}\ddot{r}_p \mathrm{d}m \qquad (2.10)$$

其中 $\delta\dot{r}_p$ 和 $\ddot{r}_p$ 分别为刚体上 P 点的虚速度矢量和加速度矢量. 在惯性系中刚体上 P 点的位置可表示为

$$r_p = r_A + R\rho_p \qquad (2.11)$$

其中 $\boldsymbol{R}$ 为坐标转换矩阵,$\boldsymbol{\rho}_p$ 为刚体上 P 点在连体基中的位置矢量. 在惯性系中完全笛卡儿坐标矢量组成的 3×3 矩阵 $\boldsymbol{S}=\begin{bmatrix}\boldsymbol{r}_B-\boldsymbol{r}_A & \boldsymbol{u} & \boldsymbol{v}\end{bmatrix}$ 可表示为

$$\boldsymbol{S}=\boldsymbol{R}\boldsymbol{S}_0 \tag{2.12}$$

其中 $\boldsymbol{S}_0$ 为连体基上的完全笛卡儿坐标矢量构成的矩阵. 对式(2.11)求导得到

$$\dot{\boldsymbol{r}}_p=\dot{\boldsymbol{r}}_A+\dot{\boldsymbol{R}}\boldsymbol{\rho}_p \qquad \ddot{\boldsymbol{r}}_p=\ddot{\boldsymbol{r}}_A+\ddot{\boldsymbol{R}}\boldsymbol{\rho}_p \tag{2.13}$$

式中 $\dot{\boldsymbol{R}}$ 和 $\ddot{\boldsymbol{R}}$ 由式(2.12)求导可分别得到

$$\dot{\boldsymbol{R}}=\dot{\boldsymbol{S}}\boldsymbol{S}_0^{-1} \qquad \ddot{\boldsymbol{R}}=\ddot{\boldsymbol{S}}\boldsymbol{S}_0^{-1} \tag{2.14}$$

将式(2.13)和(2.14)代入式(2.10)经推导得到

$$\boldsymbol{W}=\begin{bmatrix}\delta\dot{\boldsymbol{r}}_A^{\mathrm{T}} & \delta\dot{\boldsymbol{r}}_B^{\mathrm{T}} & \delta\dot{\boldsymbol{u}}^{\mathrm{T}} & \delta\dot{\boldsymbol{v}}^{\mathrm{T}}\end{bmatrix}\boldsymbol{M}^e\begin{bmatrix}\ddot{\boldsymbol{r}}_A & \ddot{\boldsymbol{r}}_B & \ddot{\boldsymbol{u}} & \ddot{\boldsymbol{v}}\end{bmatrix}^{\mathrm{T}} \tag{2.15}$$

其中 $\boldsymbol{M}^e$ 为刚体的广义质量阵,其形式为

$$\begin{bmatrix}(m-2a_1+b_{11})\boldsymbol{I} & (a_1-b_{11})\boldsymbol{I} & (a_2-b_{12})\boldsymbol{I} & (a_3-b_{13})\boldsymbol{I} \\ & b_{11}\boldsymbol{I} & b_{12}\boldsymbol{I} & b_{13}\boldsymbol{I} \\ & & b_{22}\boldsymbol{I} & b_{23}\boldsymbol{I} \\ \text{对称} & & & b_{33}\boldsymbol{I}\end{bmatrix}$$

$$\tag{2.16}$$

式中 $\boldsymbol{I}$ 为 3×3 单位阵,m 为刚体质量,参数 a_i、$b_{ij}(i=1,2,3,j=1,2,3)$ 分别定义为

$$a_i=m\boldsymbol{r}_a^{\mathrm{T}}\boldsymbol{S}_{0i}^{-1},\ b_{ij}=(\boldsymbol{S}_{0i}^{-1})^{\mathrm{T}}J\boldsymbol{S}_{0j}^{-1},\ \boldsymbol{J}=\int_v\boldsymbol{\rho}_p\boldsymbol{\rho}_p^{\mathrm{T}}\mathrm{d}m$$

式(2.16)质量阵共有 10 个参数:刚体的质量、质心坐标和惯量张量. 由于惯性力是在惯性系中形成,因此产生的质量阵为常值阵,其次惯性力中不含有速度项,所以不出现哥氏力和离心力项. 这两个重要特性有效地提高动力学方程求解的效率. 若用其他参考点和参考矢量

组合描述刚体,质量阵都可以由式(2.16)通过变换而导出其表达式.

对多刚体系统利用虚功率原理,由于虚速度 $\boldsymbol{\delta\dot{q}}$ 为非独立变量,则引入拉氏乘子 λ 得到

$$\boldsymbol{\delta\dot{q}}(\boldsymbol{M\ddot{q}} - \boldsymbol{Q} + \boldsymbol{\Phi}_q^{\mathrm{T}}\lambda) = 0 \qquad (2.17)$$

其中 $\boldsymbol{M}$ 为 $\boldsymbol{M}^e$ 用有限元相似的方法组集得到的质量阵,$\boldsymbol{Q}$ 为外力矢量.从式(2.17)中选择适当的拉氏乘子和虚速度,可以得到与(2.9)形式相同的动力学方程

$$\begin{cases} \boldsymbol{M\ddot{q}} + \boldsymbol{\Phi}_q^{\mathrm{T}}\lambda = \boldsymbol{Q} \\ \boldsymbol{\Phi}(\boldsymbol{q},\ t) = 0 \end{cases} \qquad (2.18)$$

2.3 多体航天器非完整系统模型

2.3.1 动量与动量矩方程[51]

刚体的空间位置由刚体中任选的二个参考点 i,j 以及固结于刚体与 $\boldsymbol{r}_{ij}$ 不共线的参考矢量 $\boldsymbol{u}$ 完全确定(见图 2.13).设固定点 O_0 为原点建立惯性基(O_0 - xyz),以刚体质心 O 为原点建立连体基(O - $\hat{x}\hat{y}\hat{z}$),$\hat{x}$ 和 $\hat{z}$ 轴分别与 $\boldsymbol{r}_{ij}$ 和 $\boldsymbol{v}$ 平行.设 $\boldsymbol{u}$ 与 $\boldsymbol{r}_{ij}$ 有相同的模 l,夹角为 γ($\gamma \neq 0$).令 $\alpha = \sin\gamma$,$\beta = \cos\gamma$,引入模为 l 的辅助参考矢量 $\boldsymbol{v} = (\boldsymbol{r}_{ij} \times \boldsymbol{u})/\alpha l$.将矢量 $\boldsymbol{r}_{iP}$ 沿参考矢量 $\boldsymbol{r}_{ij}$,$\boldsymbol{u}$,$\boldsymbol{v}$ 分解为

$$\boldsymbol{r}_{iP} = \boldsymbol{r} - \boldsymbol{r}_i = \boldsymbol{\rho} - \boldsymbol{\rho}_i$$
$$= c_1\boldsymbol{r}_{ij} + c_2\boldsymbol{u} + c_3\boldsymbol{v}$$

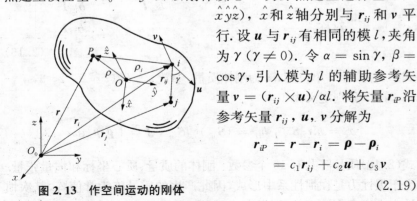

图 2.13 作空间运动的刚体

$$(2.19)$$

其中 c_1,c_2 和 c_3 为矢量 $\boldsymbol{r}_{iP}$ 在参考矢量 $\boldsymbol{r}_{ij}$,$\boldsymbol{u}$,$\boldsymbol{v}$ 的投影分量.各参考

矢量相对惯性基的投影列阵 e_1, e_2, e_3 组成 $(O\text{-}\hat{x}\hat{y}\hat{z})$ 与 $(O_0\text{-}xyz)$ 之间的方向余弦矩阵 R

$$R = \begin{bmatrix} \dfrac{r_{ij}}{l} & \dfrac{u - \beta r_{ij}}{\alpha l} & -\dfrac{\tilde{u} r_{ij}}{\alpha l^2} \end{bmatrix} \tag{2.20}$$

其中 $\tilde{u}$ 为 u 在 $(O\text{-}\hat{x}\hat{y}\hat{z})$ 中的反对称投影方阵. 将式(2.19)向连体基 $(O\text{-}\hat{x}\hat{y}\hat{z})$ 投影,导出参数 c_1、c_2 和 c_3 用 $\rho - \rho_i$ 在连体基中的投影列阵 $\hat{\rho} - \hat{\rho}_i$ 表示的关系式

$$c = \begin{bmatrix} c_1 & c_2 & c_3 \end{bmatrix}^{\mathrm{T}} = L^{-1}(\hat{\rho} - \hat{\rho}_i) \tag{2.21}$$

$$L = l \begin{bmatrix} 1 & \beta & 0 \\ 0 & \alpha & 0 \\ 0 & 0 & 1 \end{bmatrix} \tag{2.22}$$

将式(2.19)向惯性基投影,导出 r 在 $(O_0 - xyz)$ 中的投影列阵

$$r = \begin{bmatrix} x & y & z \end{bmatrix}^{\mathrm{T}} = Cq \tag{2.23}$$

其中 q 为由 r_i, r_j, u 相对 $(O_0 - xyz)$ 的笛卡儿坐标组成广义坐标列阵,C 为 3×9 变换矩阵

$$q = \begin{bmatrix} r_i^{\mathrm{T}} & r_j^{\mathrm{T}} & u^{\mathrm{T}} \end{bmatrix}^{\mathrm{T}} \tag{2.24}$$

$$C = \begin{bmatrix} (1-c_1)E + \dfrac{c_3}{\alpha l}\tilde{u}, & c_1 E - \dfrac{c_3}{\alpha l}\tilde{u}, & c_2 E \end{bmatrix} \tag{2.25}$$

其中 E 为 3 阶单位阵. r_i 和 r_j 为各矢量在 $(O_0 - xyz)$ 中的投影列阵,将式(2.23)代入计算刚体质心矢径 r_0 的投影列阵,得到

$$r_0 = \frac{1}{m}\int r\,\mathrm{d}m = Dq$$

$$D = \begin{bmatrix} (1-a_1)E + \dfrac{a_3}{\alpha l}\tilde{u}, & a_1 E - \dfrac{a_3}{\alpha l}\tilde{u}, & a_2 E \end{bmatrix} \tag{2.26}$$

其中参数 a_1，a_2，a_3 定义为

$$\boldsymbol{a} = [a_1, a_2, a_3]^{\mathrm{T}} = \frac{1}{m}\int \boldsymbol{c}\mathrm{d}m = -\frac{1}{l}\hat{\boldsymbol{\rho}}_i \qquad (2.27)$$

将 $\boldsymbol{r}_0$ 对 t 求导，计算刚体的动量 $\boldsymbol{Q} = m\dot{\boldsymbol{r}}_0$ 的投影列阵，得到

$$\boldsymbol{Q} = \boldsymbol{M}\dot{\boldsymbol{q}} \qquad (2.28)$$

其中 $\boldsymbol{M}$ 为刚体的广义质量矩阵，其矩阵定义为

$$\boldsymbol{M} = m\left[(1-a_1)\boldsymbol{E} + \frac{a_3}{\alpha l}\widetilde{\boldsymbol{u}}, \ a_1\boldsymbol{E} + \frac{a_3}{\alpha l}\widetilde{\boldsymbol{u}}, \ a_2\boldsymbol{E} + \frac{a_3}{\alpha l}\widetilde{\boldsymbol{r}}_{ij}\right] \qquad (2.29)$$

其中 $\widetilde{\boldsymbol{r}}_{ij}$ 为 $\boldsymbol{r}_{ij}$ 在 $(O_0 - xyz)$ 中的反对称投影方阵.

刚体的角速度 $\boldsymbol{\omega}$ 可利用连体基矢量 $\boldsymbol{e}_1$，$\boldsymbol{e}_2$，$\boldsymbol{e}_3$ 及其变化率表示，导出 $\boldsymbol{\omega}$ 在 $(O_0 - xyz)$ 中的投影列阵

$$\boldsymbol{\omega} = [\boldsymbol{e}_3^{\mathrm{T}}\dot{\boldsymbol{e}}_2, \ \boldsymbol{e}_1^{\mathrm{T}}\dot{\boldsymbol{e}}_3, \ \boldsymbol{e}_2^{\mathrm{T}}\dot{\boldsymbol{e}}_1]^{\mathrm{T}} = \boldsymbol{G}\dot{\boldsymbol{q}} \qquad (2.30)$$

$\boldsymbol{G}$ 为 3×9 阶矩阵

$$\boldsymbol{G} = \frac{1}{\alpha^2 l^3}\begin{bmatrix} \beta(\widetilde{\boldsymbol{u}}\boldsymbol{r}_{ij})^{\mathrm{T}} & -\alpha(\widetilde{\boldsymbol{u}}\boldsymbol{r}_{ij})^{\mathrm{T}} & -(\widetilde{\boldsymbol{u}}\boldsymbol{r}_{ij})^{\mathrm{T}} \\ -\alpha(\widetilde{\boldsymbol{u}}\boldsymbol{r}_{ij})^{\mathrm{T}} & \alpha(\widetilde{\boldsymbol{u}}\boldsymbol{r}_{ij})^{\mathrm{T}} & 0 \\ -\alpha l(\boldsymbol{u}-\beta\boldsymbol{r}_{ij})^{\mathrm{T}} & \alpha l(\boldsymbol{u}-\beta\boldsymbol{r}_{ij})^{\mathrm{T}} & 0 \end{bmatrix} \qquad (2.31)$$

设 $\hat{\boldsymbol{J}}$ 为刚体的中心惯量张量在 $(O - \hat{x}\hat{y}\hat{z})$ 中的投影阵，利用式 (2.30) 和 (2.31) 计算刚体相对质心的动量矩 $\hat{\boldsymbol{H}}$ 在 $(O_0 - xyz)$ 中的投影列阵 $\hat{\boldsymbol{H}} = \boldsymbol{R}\hat{\boldsymbol{J}}\boldsymbol{R}^{\mathrm{T}}\boldsymbol{\omega}$，得到

$$\hat{\boldsymbol{H}} = \hat{\boldsymbol{\Psi}}\dot{\boldsymbol{q}} \qquad (2.32)$$

其中矩阵 $\hat{\boldsymbol{\Psi}}$ 为刚体相对质心的 3×9 广义惯量矩阵

$$\hat{\boldsymbol{\Psi}} = \boldsymbol{R}\hat{\boldsymbol{J}}\boldsymbol{R}^{\mathrm{T}}\boldsymbol{G} \qquad (2.33)$$

利用式(2.26)、(2.29)和(2.32)等计算刚体相对固定点 O_0 的动量矩 $\boldsymbol{H}$ 在在$(O_0 - xyz)$中的投影列阵 $\boldsymbol{H} = \hat{\boldsymbol{H}} + \tilde{\boldsymbol{r}}_0 \boldsymbol{Q}$，导出

$$\boldsymbol{H} = \boldsymbol{\Psi}\dot{\boldsymbol{q}} \tag{2.34}$$

其中 $\boldsymbol{\Psi}$ 为刚体相对固定点的广义惯量矩阵

$$\boldsymbol{\Psi} = \hat{\boldsymbol{\Psi}} + \tilde{\boldsymbol{r}}_0 \boldsymbol{M} \tag{2.35}$$

式中 $\tilde{\boldsymbol{r}}_0$ 为 $\boldsymbol{r}_0$ 在$(O_0 - xyz)$中的反对称投影方阵.

2.3.2 多体航天器系统动力学方程[51,52]

(1) 空间机械臂(平面运动)

以空间机械臂为例首先讨论作平面运动的自由多体系统. 设系统由漂浮的主刚体 B_1 和简化为匀质细杆的机械臂 B_2, B_3 以转动铰联结的开环多体系统组成(见图 2.14).

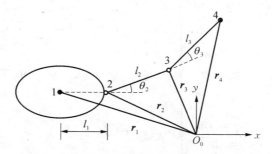

图 2.14　空间机械臂(平面运动)

选择 B_1 的质心 1,关节铰 2,3 及 B_3 端点 4 为各分体共享的参考点. 主刚体 B_1 的质心 1 至关节铰 2 的距离为 l_1,机械臂 B_2, B_3 长为 l_i $(i=2, 3)$. 各分体质量和中心惯量矩分别为 m_i 和 $J_i(i=1, 2, 3)$. 以系统的总质心 O_0 为原点,建立平动坐标系$(O_0 - xy)$,由于 O_0 运动在坐标系内引起的惯性力与万有引力平衡,$(O_0 - xy)$可视作惯性基. 各参考点相对$(O_0 - xy)$的笛卡儿坐标组成广义坐标列阵

$$q = \begin{bmatrix} x_1 & y_1 & x_2 & y_2 & x_3 & y_3 & x_4 & y_4 \end{bmatrix}^{\mathrm{T}} \quad (2.36)$$

几何约束条件为

$$(x_{k+1} - x_k)^2 + (y_{k+1} - y_k)^2 - l_k^2 = 0 \ (k = 1, 2, 3) \quad (2.37)$$

各分体的广义质量阵 M_i 和广义惯量 Ψ_i 分别为

$$M_i = m_i \begin{bmatrix} 1-a_1 & a_2 & a_1 & -a_2 \\ -a_2 & 1-a_1 & a_2 & a_1 \end{bmatrix} \quad (2.38)$$

$$\Psi_i = \hat{J}_i l_i^{-2} [y_{j(i)} - y_i, \ -x_{j(i)} + x_i,$$
$$-y_{j(i)} + y_i, \ x_{j(i)} - x_i] \quad (2.39)$$

其中 a_1 和 a_2 为无量纲化的分体质心在连体基$(O_i - x_i y_i)$上的投影，$j(i)$为 B_i 规则标号的外接参考点编号. 系统的总动量 Q 和相对O_0 总动量矩 H 由各分体的动量及相对 O_0 的动量矩求和导出

$$Q = \begin{bmatrix} m_1 & 0 & m_2/2 & 0 & (m_2+m_3)/2 & 0 & m_3/2 & 0 \\ 0 & m_1 & 0 & m_2/2 & 0 & (m_2+m_3)/2 & 0 & m_3/2 \end{bmatrix} \dot{q}$$
$$(2.40)$$

$$H = \begin{bmatrix} \Psi_1 & \Psi_2 & \Psi_3 & \Psi_4 & \Psi_5 & \Psi_6 & \Psi_7 & \Psi_8 \end{bmatrix} \dot{q} \quad (2.41)$$

其中

$$\Psi_1 = -[(\hat{J}_1/l_1^2) + m_1]y_1 + (\hat{J}_1/l_1^2)y_2$$

$$\Psi_2 = [(\hat{J}_1/l_1^2) + m_1]x_1 - (\hat{J}_1/l_1^2)x_2$$

$$\Psi_3 = (\hat{J}_1/l_1^2)y_1 - [(\hat{J}_1/l_1^2) + (m_2/3)]y_2 - (m_2/6)y_3$$

$$\Psi_4 = -(\hat{J}_1/l_1^2)x_1 + [(\hat{J}_1/l_1^2) + (m_2/3)]x_2 + (m_2/6)x_3$$

$$\Psi_5 = -(m_2/3)y_2 - (1/3)(m_2+m_3)y_3 - (m_2/6)y_4$$

$$\Psi_6 = (m_2/6)x_2 + (1/3)(m_2+m_3)x_3 + (m_2/6)x_4$$

$$\Psi_7 = -(m_3/6)(y_3 + 2y_4)$$

$$\Psi_8 = (m_3/6)(x_3 + 2x_4) \tag{2.42}$$

在无外力矩作用时，系统的总动量为零且总动量矩保持常值 H_0. 将约束条件(2.37)对 t 求导，与 $Q=0$ 和 $H=H_0$ 联立，可直接写出一阶微分方程组

$$A\dot{q} = B \tag{2.43}$$

系数矩阵 A、B 定义为

$$A = \begin{bmatrix} \Psi_1 & \Psi_2 & \Psi_3 & \Psi_4 & \Psi_5 & \Psi_6 & \Psi_7 & \Psi_8 \\ m_1 & 0 & \dfrac{m_2}{2} & 0 & \dfrac{(m_2+m_3)}{2} & 0 & \dfrac{m_3}{2} & 0 \\ 0 & m_1 & 0 & \dfrac{m_2}{2} & 0 & \dfrac{(m_2+m_3)}{2} & 0 & \dfrac{m_3}{2} \\ x_1-x_2 & y_1-y_2 & x_2-x_1 & y_2-y_1 & 0 & 0 & 0 & 0 \\ 0 & 0 & x_2-x_3 & y_2-y_3 & x_3-x_2 & y_3-y_2 & 0 & 0 \\ 0 & 0 & 0 & 0 & x_3-x_4 & y_3-y_4 & x_4-x_3 & y_4-y_3 \end{bmatrix}$$

$$B = \begin{bmatrix} H_0 & 0 & 0 & 0 & 0 & 0 \end{bmatrix}^{\mathrm{T}} \tag{2.44}$$

（2）空间机械臂（空间运动）

讨论具有空间结构的自由多体系统如图 2.15 所示. 载体 B_1 的质心至万向铰的距离为 l_1，机械臂长度为 $l_i(i=2, 3)$. 建立以总质心 O_0 为原点的平动坐标系($O_0 - xyz$)作为惯性基，以各分体质心为原点建立连体基 ($O\text{-}\hat{x}_i\hat{y}_i\hat{z}_i$) ($i = 1, 2, 3$). 选择 B_1 的质心 1、万向铰 2、转动铰 3 及臂端 4 为各分体共享的参考点，参考矢量 u 与 B_1 固结且与 r_{12} 正交，万向铰 2 的转轴之一沿 r_{12}，另一转轴矢量为 v，转动铰 3 的转轴矢量与 v 平行，u,v 的模分别为 l_1 和 l_2.

定义各分体的广义坐标列阵 $q_i(i = 1, 2, 3)$

$$q_1 = [r_1^{\mathrm{T}}, r_2^{\mathrm{T}}, u^{\mathrm{T}}]^{\mathrm{T}} \quad q_2 = [r_2^{\mathrm{T}}, r_3^{\mathrm{T}}, v^{\mathrm{T}}]^{\mathrm{T}} \quad q_3 = [r_3^{\mathrm{T}}, r_4^{\mathrm{T}}, v^{\mathrm{T}}]^{\mathrm{T}} \tag{2.45}$$

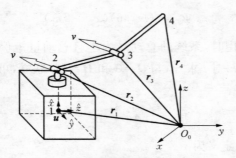

图 2.15 空间机械臂(空间运动)

几何约束条件为

$$(\boldsymbol{r}_{k+1} - \boldsymbol{r}_k)^{\mathrm{T}}(\boldsymbol{r}_{k+1} - \boldsymbol{r}_k) - l_k^2 = 0 \quad (k = 1, 2, 3),$$

$$\boldsymbol{u}^{\mathrm{T}}\boldsymbol{u} - l_1^2 = 0, \ \boldsymbol{v}^{\mathrm{T}}\boldsymbol{v} - l_2^2 = 0, \ (\boldsymbol{r}_2 - \boldsymbol{r}_1)^{\mathrm{T}}\boldsymbol{u} = 0,$$

$$(\boldsymbol{r}_2 - \boldsymbol{r}_1)^{\mathrm{T}}\boldsymbol{v} = 0 \quad (k = 1, 2, 3).$$

$$(2.46)$$

利用式(2.28)和(2.32),计算各分体的动量 $\boldsymbol{Q}_i(i = 1, 2, 3)$ 和相对 O_0 点的动量矩 $\boldsymbol{H}_i$ $(i = 1, 2, 3)$ 的投影列阵

$$\boldsymbol{Q}_i = \boldsymbol{M}_i \dot{\boldsymbol{q}}_i, \ \boldsymbol{H}_i = \boldsymbol{\Psi}_i \dot{\boldsymbol{q}}_i \qquad (2.47)$$

其中广义质量阵 $\boldsymbol{M}_i(i = 1, 2, 3)$ 定义为

$$\boldsymbol{M}_1 = m_1 [\boldsymbol{E}, 0, 0]$$

$$\boldsymbol{M}_2 = \frac{m_2}{2} [\boldsymbol{E}, \boldsymbol{E}, 0]$$

$$\boldsymbol{M}_3 = \frac{m_3}{2} [\boldsymbol{E}, \boldsymbol{E}, 0] \qquad (2.48)$$

广义惯量阵 $\boldsymbol{\Psi}_i(i = 1, 2, 3)$ 定义为

$$\boldsymbol{\Psi}_i = [\boldsymbol{R}_i \hat{\boldsymbol{J}}_i \boldsymbol{R}_i^{\mathrm{T}} \boldsymbol{G}_{i1} + \hat{\boldsymbol{r}}_{0i} \boldsymbol{M}_{i1}, \ \boldsymbol{R}_i \hat{\boldsymbol{J}}_i \boldsymbol{R}_i^{\mathrm{T}} \boldsymbol{G}_{i2} + $$

$$\hat{r}_{0i}M_{i2}, \quad R_i\hat{J}_iR_i^{\mathrm{T}}G_{i3} + \hat{r}_{0i}M_{i3}] \tag{2.49}$$

其中 G_{ij}，M_{ij} 分别为 G_i 和 M_i 的第 j 列子矩阵，$\tilde{r}_{0i}$ 为第 i 分体的质心相对 O_0 的矢径在 $(O_0 - xyz)$ 中的反对称投影方阵. 式中的 $R_i(i=1, 2, 3)$、$\hat{J}_i(i=1, 2, 3)$ 和 $G_i(i=1, 2, 3)$ 分别为

$$R_1 = \left[\frac{r_{12}}{l_1}, \frac{u}{l_1}, -\frac{\tilde{u}\,r_{12}}{l_1^2}\right]$$

$$R_2 = \left[\frac{r_{23}}{l_2}, \frac{v}{l_2}, -\frac{\tilde{v}r_{23}}{l_2^2}\right]$$

$$R_3 = \left[\frac{r_{34}}{l_3}, \frac{v}{l_2}, -\frac{\tilde{v}r_{34}}{l_2l_3}\right]$$

$$\hat{J}_1 = \mathrm{diag}[\hat{J}_{1x}, \hat{J}_{1y}, \hat{J}_{1z}]$$

$$\hat{J}_2 = \mathrm{diag}\left[0, \frac{1}{12}m_2l_2^2, \frac{1}{12}m_2l_2^2\right]$$

$$\hat{J}_3 = \mathrm{diag}\left[0, \frac{1}{12}m_3l_3^2, \frac{1}{12}m_3l_3^2\right]$$

$$G_1 = \frac{1}{l_1^3}\begin{bmatrix} 0 & 0 & -(\tilde{u}r_{12})^{\mathrm{T}} \\ -(\tilde{u}r_{12})^{\mathrm{T}} & (\tilde{u}r_{12})^{\mathrm{T}} & 0 \\ -l_1u^{\mathrm{T}} & l_1u^{\mathrm{T}} & 0 \end{bmatrix}$$

$$G_2 = \frac{1}{l_2^3}\begin{bmatrix} 0 & 0 & -(\tilde{v}r_{23})^{\mathrm{T}} \\ -(\tilde{v}r_{23})^{\mathrm{T}} & (\tilde{v}r_{23})^{\mathrm{T}} & 0 \\ -l_1u^{\mathrm{T}} & l_1v^{\mathrm{T}} & 0 \end{bmatrix}$$

$$G_3 = \frac{1}{l_2^2 l_3} \begin{bmatrix} 0 & 0 & -(\tilde{v} r_{34})^{\mathrm{T}} \\ -(\tilde{v} r_{34})^{\mathrm{T}} & (\tilde{v} r_{34})^{\mathrm{T}} & 0 \\ -l_3 v^{\mathrm{T}} & l_3 v^{\mathrm{T}} & 0 \end{bmatrix}$$

系统的广义坐标由式(2.45)缩并为由 18 个笛卡儿坐标组成的
列阵 q

$$q = [r_1^{\mathrm{T}}, r_2^{\mathrm{T}}, r_3^{\mathrm{T}}, r_4^{\mathrm{T}}, u^{\mathrm{T}}, v^{\mathrm{T}}]^{\mathrm{T}} \tag{2.50}$$

将系统内各分体的动量和动量矩组集叠加,得到系统的总动量 Q 和
总动量矩 H 的投影列阵

$$Q = M\dot{q} \quad H = \Psi\dot{q} \tag{2.51}$$

其中矩阵 M 和 Ψ 为

$$M = [M_1^*, M_2^*, M_3^*, M_4^*, 0, 0]$$

$$\Psi = [\Psi_1^*, \Psi_2^*, \Psi_3^*, \Psi_4^*, \Psi_5^*, \Psi_6^*]$$

$$M_1^* = m_1 E, \ M_2^* = \frac{m_2}{2} E,$$

$$M_3^* = \frac{m_2 + m_3}{2} E, \ M_4^* = \frac{m_3}{2} E \tag{2.52}$$

$$\Psi_1^* = \Psi_{11}, \ \Psi_2^* = \Psi_{12} + \Psi_{21}, \ \Psi_3^* = \Psi_{22} + \Psi_{31}$$

$$\Psi_4^* = \Psi_{32}, \ \Psi_5^* = \Psi_{13}, \ \Psi_6^* = \Psi_{23} + \Psi_{33}$$

在无外力和外力矩作用情况下,系统内各质心的万有引力与惯
性力矩平衡,系统相对$(O_0 - xyz)$的动量保持为零,相对 O_0 点动量矩
守恒. 设 H_0 为系统初动量矩,则有

$$Q = 0, \ H = H_0 \tag{2.53}$$

将约束方程(2.46)对时间求导,与动力学方程(2.53)综合得到形式如(2.43)的一阶微分方程组,系数矩阵 A, B 定义为

$$A = \begin{bmatrix} \boldsymbol{\Psi}_1^* & \boldsymbol{\Psi}_2^* & \boldsymbol{\Psi}_3^* & \boldsymbol{\Psi}_4^* & \boldsymbol{\Psi}_5^* & \boldsymbol{\Psi}_6^* \\ \boldsymbol{M}_1^* & \boldsymbol{M}_2^* & \boldsymbol{M}_3^* & \boldsymbol{M}_4^* & 0 & 0 \\ -\boldsymbol{r}_{12}^{\mathrm{T}} & \boldsymbol{r}_{12}^{\mathrm{T}} & 0 & 0 & 0 & 0 \\ 0 & -\boldsymbol{r}_{23}^{\mathrm{T}} & \boldsymbol{r}_{23}^{\mathrm{T}} & 0 & 0 & 0 \\ 0 & 0 & -\boldsymbol{r}_{34}^{\mathrm{T}} & \boldsymbol{r}_{34}^{\mathrm{T}} & 0 & 0 \\ 0 & 0 & 0 & 0 & \boldsymbol{u}^{\mathrm{T}} & 0 \\ 0 & 0 & 0 & 0 & 0 & \boldsymbol{v}^{\mathrm{T}} \\ -\boldsymbol{u}^{\mathrm{T}} & \boldsymbol{u}^{\mathrm{T}} & 0 & 0 & \boldsymbol{r}_{12}^{\mathrm{T}} & 0 \\ -\boldsymbol{v}^{\mathrm{T}} & \boldsymbol{v}^{\mathrm{T}} & 0 & 0 & 0 & \boldsymbol{r}_{12}^{\mathrm{T}} \\ 0 & -\boldsymbol{v}^{\mathrm{T}} & \boldsymbol{v}^{\mathrm{T}} & 0 & 0 & \boldsymbol{r}_{23}^{\mathrm{T}} \\ 0 & 0 & -\boldsymbol{v}^{\mathrm{T}} & \boldsymbol{v}^{\mathrm{T}} & 0 & \boldsymbol{r}_{34}^{\mathrm{T}} \end{bmatrix} \qquad (2.54)$$

$$B = \begin{bmatrix} \boldsymbol{H}_0^{\mathrm{T}}, & \boldsymbol{0}^{\mathrm{T}} \end{bmatrix}^{\mathrm{T}}$$

其中 B 矩阵中的 $\boldsymbol{0}$ 为 12 个 0 组成的列阵.

2.4 数值仿真算例

机械臂的受控运动应保证臂端沿预定的空间轨迹擒获目标载荷,并沿预定轨迹将载荷送往指定的空间位置.空间机械臂的逆问题要求根据预定的臂端轨迹设计出机械臂关节的控制规律.此控制规律必须考虑机械臂运动对主体姿态的扰动,以及后者对臂端的影响.因此空间机械臂的逆问题可看作由非完整约束条件所确定的动力学问题.下面分别求解图 2.14 和图 2.15 所示空间机械臂的逆问题.

算例 1　考虑图 2.14 所示空间机械臂系统,设机械臂臂端的运

动轨迹为半径 $R = 0.3\,\mathrm{m}$，圆心坐标为 $(0.375,\ 0.825)$ 的一个圆（见图 2.16），轨迹方程为

$$x_4 = 0.375 + 0.3\cos(2\pi t/T)$$
$$y_4 = 0.825 + 0.3\sin(2\pi t/T)$$

(2.55)

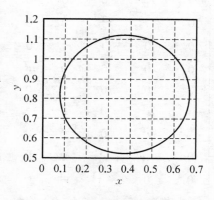

图 2.16 空间机械臂臂端运动轨迹

设机械臂臂端运动时间 $T = 4\,\mathrm{s}$. 空间机械臂的逆动力学问题要求根据给定的臂端运动计算铰的相对转动规律. 令广义坐标 $\boldsymbol{q}$ 中的 $x_4(t)$，$y_4(t)$ 为已知函数，则方程组 (2.43) 封闭，可解出广义坐标中的其余坐标. 将式 (2.44) 广义速度 $\dot{\boldsymbol{q}}$ 中末端参考点速度分离，并令初始动量矩 $\boldsymbol{H}_0 = 0$，得到

$$
\begin{bmatrix}
\Psi_1 & \Psi_2 & \Psi_3 & \Psi_4 & \Psi_5 & \Psi_6 \\
m_1 & 0 & m_2/2 & 0 & (m_2+m_3)/2 & 0 \\
0 & m_1 & 0 & m_2/2 & 0 & (m_2+m_3)/2 \\
x_1-x_2 & y_1-y_2 & x_2-x_1 & y_2-y_1 & 0 & 0 \\
0 & 0 & x_2-x_3 & y_2-y_3 & x_3-x_2 & y_3-y_2 \\
0 & 0 & 0 & 0 & x_3-x_4 & y_3-y_4
\end{bmatrix}
\begin{bmatrix}
\dot{x}_1 \\
\dot{y}_1 \\
\dot{x}_2 \\
\dot{y}_2 \\
\dot{x}_3 \\
\dot{y}_3
\end{bmatrix}
$$

$$= \begin{bmatrix} -\Psi_7 \dot{x}_4 - \Psi_8 \dot{y}_4 \\ -\dot{x}_4 (m_3/2) \\ -\dot{y}_4 (m_3/2) \\ 0 \\ 0 \\ -\dot{x}_4 (x_4 - x_3) - \dot{y}_4 (y_4 - y_3) \end{bmatrix} \qquad (2.56)$$

将式(2.55)代入式(2.56)可求出机械臂关节坐标(x_i, y_i) $(i=2,3)$及载体质心运动规律. 为进行对照比较, 取文[30]中空间机械臂系统质量几何参数, 如表 2.1 所示:

表 2.1

刚体	l_i/m	r_i/m	m_i/kg	$\hat{J}_y$/(kgm^2)
B_1	0.5	0.5	40	6.667
B_2	0.5	0.5	5	0.333
B_3	0.5	0.5	5	0.25

图 2.17~2.18 分别为载体质心坐标与空间机械臂关节坐标在 x, y 运动规律. 空间机械臂载体姿态和关节相对转角通过各参考点坐标几何关系确定

$$\theta_1 = \arctan(y_1 - y_2)/(x_2 - x_1)$$

$$\theta_2 = \arccos\{[(x_2 - x_1)(x_3 - x_2) + (y_4 - y_1)(y_3 - y_2)](l_1 l_2)^{-1}\}$$

$$\theta_3 = \arccos\{[(x_3 - x_2)(x_4 - x_3) + (y_3 - y_2)(y_4 - y_3)](l_2 l_3)^{-1}\}$$

$$(2.57)$$

将空间机械臂载体质心坐标与空间机械臂关节坐标运动规律代入式(2.57)计算出载体姿态和关节相对转角控制规律. 图 2.19 为载体姿态角 θ_1 和空间机械臂关节相对转角 θ_2, θ_3 的运动规律, 图

中虚线为文[30]用虚机械臂方法计算结果. 可以看出本文方法与虚
机械臂方法仿真结果基本一致,从而证实了本文方法的有效性. 在
仿真计算中,计算式(2.56)用 CPU 时间为 11 s,计算式(2.57)用
CPU 时间为 4 s,共计 CPU 时间 15 s. 文[30]方法计算该算例用时
为 18 s.

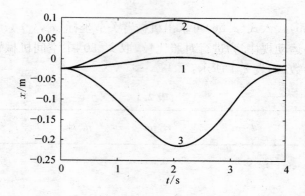

图 2.17 载体质心与机械臂关节 x 坐标运动轨迹

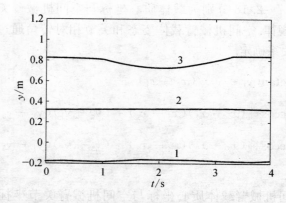

图 2.18 载体质心与机械臂关节 y 坐标运动轨迹

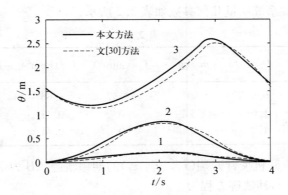

图 2.19 载体姿态与机械臂关节转角运动规

算例 2 讨论图 2.15 所示空间机械臂的逆动力学问题. 对于给定的臂端运动 $r_4(t)$ 可以从封闭的一阶微分方程组积分,解出其余完全笛卡儿坐标以确定万向铰 2 的相对转角 θ_1, θ_2 以及转动铰 3 的相对转角 θ_3 的控制规律. 将式(2.43)和(2.54)臂端广义速度分解,并设初始动量矩为零,则有

$$
\begin{bmatrix}
\boldsymbol{\Psi}_1^* & \boldsymbol{\Psi}_2^* & \boldsymbol{\Psi}_3^* & \boldsymbol{\Psi}_5^* & \boldsymbol{\Psi}_6^* \\
\boldsymbol{M}_1^* & \boldsymbol{M}_2^* & \boldsymbol{M}_3^* & 0 & 0 \\
-\boldsymbol{r}_{12}^{\mathrm{T}} & \boldsymbol{r}_{12}^{\mathrm{T}} & 0 & 0 & 0 \\
0 & -\boldsymbol{r}_{23}^{\mathrm{T}} & \boldsymbol{r}_{23}^{\mathrm{T}} & 0 & 0 \\
0 & 0 & -\boldsymbol{r}_{34}^{\mathrm{T}} & 0 & 0 \\
0 & 0 & 0 & \boldsymbol{u}^{\mathrm{T}} & 0 \\
0 & 0 & 0 & 0 & \boldsymbol{v}^{\mathrm{T}} \\
-\boldsymbol{u}^{\mathrm{T}} & \boldsymbol{u}^{\mathrm{T}} & 0 & \boldsymbol{r}_{12}^{\mathrm{T}} & 0 \\
-\boldsymbol{v}^{\mathrm{T}} & \boldsymbol{v}^{\mathrm{T}} & 0 & \boldsymbol{r}_{12}^{\mathrm{T}} & 0 \\
0 & -\boldsymbol{v}^{\mathrm{T}} & \boldsymbol{v}^{\mathrm{T}} & 0 & \boldsymbol{r}_{23}^{\mathrm{T}} \\
0 & 0 & -\boldsymbol{v}^{\mathrm{T}} & 0 & \boldsymbol{r}_{34}^{\mathrm{T}}
\end{bmatrix}
\begin{bmatrix}
\dot{\boldsymbol{r}}_1 \\ \dot{\boldsymbol{r}}_2 \\ \dot{\boldsymbol{r}}_3 \\ \dot{\boldsymbol{u}} \\ \dot{\boldsymbol{v}}
\end{bmatrix}
=
\begin{bmatrix}
-\boldsymbol{\Psi}_4^* \dot{\boldsymbol{r}}_4 \\
-\boldsymbol{M}_4^* \dot{\boldsymbol{r}}_4 \\
0 \\ 0 \\
-\boldsymbol{r}_{34}^{\mathrm{T}} \dot{\boldsymbol{r}}_4 \\
0 \\ 0 \\ 0 \\ 0 \\ 0 \\
-\boldsymbol{v}^{\mathrm{T}} \dot{\boldsymbol{r}}_4
\end{bmatrix}
\quad (2.58)
$$

空间机械臂系统质量几何参数如表 2.2 所示：

表 2.2

刚体	l_i/m	m_i/kg	$\hat{J}_x$/(kgm^2)	$\hat{J}_y$/(kgm^2)	$\hat{J}_z$/(kgm^2)
B_1	0.5	50	6.667	6.667	6.667
B_2	1.0	5	0	0.417	0.417
B_3	1.0	5	0	0.417	0.417

设计空间机械臂臂端(x_4, y_4, z_4)的期望轨迹 AB 为空间圆柱线（见图 2.20），其轨迹方程为

$$x_4 = 0.375 + 0.3\cos(2\pi t/3T)$$

$$y_4 = 0.825 + 0.3\sin(2\pi t/3T) \qquad (2.59)$$

$$z_4 = 0.25(2\pi t/3T)$$

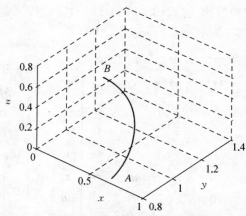

图 2.20 空间机械臂臂端运动轨迹

设空间机械臂臂端起始点位置(x_A, y_A, z_A)为$(0.675, 0.825, 0)$，终止点位置(x_B, y_B, z_B)为$(0.225, 1.085, 0.524)$。臂端由(x_A, y_A, z_A)沿设计轨迹圆柱线(2.62)到(x_B, y_B, z_B)，所用时间 $T = 4$ s.

由式(2.58)和(2.59)求解得到空间机械臂参考点 1、2、3 和参考矢量 $\boldsymbol{u}$、$\boldsymbol{v}$ 的运动轨迹. 图 2.21(a)～(c)为空间机械臂三个参考点在 xyz 坐标中的运动轨迹,图 2.22(a)～(c)为参考矢量在 xyz 坐标中的变化规律. 空间机械臂万向铰的相对转角 θ_1 和 θ_2 及转动铰的相对转角 θ_3 可由完全笛卡儿坐标的参考点和参考矢量确定,其关系式为

$$\theta_1 = \arcsin(\tilde{\boldsymbol{u}}\boldsymbol{v}/l_1 l_2)$$

$$\theta_2 = \arcsin(\tilde{\boldsymbol{r}}_{12}\boldsymbol{r}_{23}/l_1 l_2) \tag{2.60}$$

$$\theta_3 = \arcsin(\tilde{\boldsymbol{r}}_{23}\boldsymbol{r}_{34}/l_2 l_3)$$

将图 2.21～2.22 仿真计算结果代入式(2.60),可得到空间机械臂万向节相对转角 θ_1,θ_2 和转动铰相对转角 θ_3 的运动规律. 仿真计算结果如图 2.23 所示.

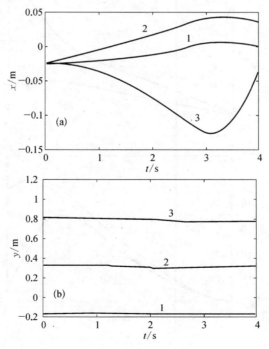

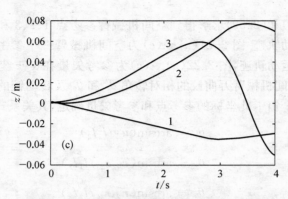

图 2.21   载体质心与机械臂关节坐标运动轨迹

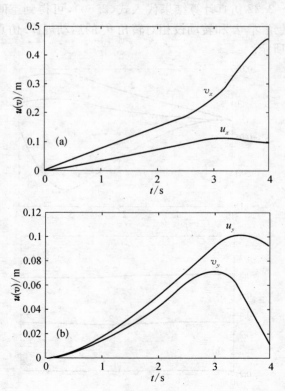

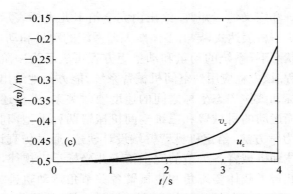

图 2.22　机械臂参考矢量 u 和 v 的运动规律

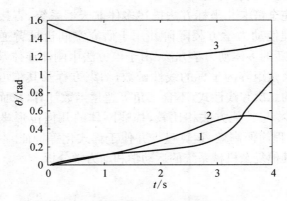

图 2.23　机械臂关节转角运动规律

2.5　本章小结

本章简要介绍了完全笛卡儿坐标表示方法,包括各类约束和约束方程的构成形式以及由完全笛卡儿坐标描述的多体系统动力学建模方法. 利用固结于刚体上的参考点的笛卡儿坐标和参考矢量的笛卡儿分量描述自由多体航天器系统的空间位置和姿态,定义了系统广义质量阵和广义惯量矩阵. 给出由完全笛卡儿坐标表示的系统动量和动量矩解析表达式, 导出多体航天器系统的动量和动量矩方程. 在无力矩状态下, 系统的动量和动量矩方程可表示为一阶微分形式动力学方程. 该方程应用到空间机械臂系统, 能方便地给出空间机械臂关节坐标和载体姿态坐标之间的速度映射关系. 本章还讨论了在空间作平面运动的机械臂和三维空间机械臂两种类型, 利用空间机械臂逆动力学方法, 给定机械臂臂端设计轨迹, 通过仿真计算求解, 得到了载体和机械臂各关节的完全笛卡儿坐标运动规律, 利用坐标转换关系获得了载体姿态角和机械臂各关节角运动轨迹. 其中作平面运动的机械臂与文献的其他方法进行了比较, 数值仿真结果基本一致, 但计算时间有所减少.

利用完全笛卡儿坐标方法描述多体航天器系统, 直接利用动量矩守恒原理使动力学方程降阶并用于研究空间机械臂逆动力学问题, 是一种新的多体动力学方法. 由于该方法中刚体连体基相对惯性基的方向余弦矩阵为坐标的线性函数, 约束方程及其雅可比矩阵分别为坐标的二次和线性式, 不含三角等超越函数计算, 从而使计算时间显著减少. 与其他方法相比较, 描述刚体的几何位形坐标简单直观, 建模过程简便高效, 运算量少并便于程式化等特征. 本章方法同样适用于其他复杂机械系统的运动学和动力学分析.

第三章　基于完全笛卡儿坐标的 多体动力学符号线性化

3.1　多体动力学方程的线性化

通过第二章利用完全笛卡儿坐标描述多体系统动力学,得到了多体系统动力学微分-代数型方程组,该方程组可通过数值积分的方法进行求解.对于如航天器、机器人等大位移多体系统,这种研究方法是可行的.对于小位移系统,考虑多体系统的运动稳定性或振动问题,若仍采用非线性动力学方程的数值积分方法,效率很低.为此针对小位移系统的特点,通常将系统在稳态运动邻域内进行线性化处理,得到线性化动力学方程.另外,多体系统线性化方程研究便于线性分析技术包括计算频率响应,特征分析以及控制理论等研究.

在建立小位移系统线性动力学方程时,通常采用两种策略.第一种策略是逐步线性化[53],即从运动学开始线性化,分别对系统的广义质量,约束方程和广义力进行线性化,最后组集得到系统的线性动力学方程.该方法力学概念清晰,但推导过程相当繁杂,并且只能用于小位移系统.第二种策略是先建立多体系统的非线性动力学方程,然后在稳态运动附近进行泰勒级数展开,略去高阶小量而得到线性方程.然而,通常的数值建模方法得不到非线性动力学方程的解析表达式[54,55],从而难以进行线性化处理.Sohoni 等采用数值摄动方法建立系统的线性方程[56],由于数值摄动方法利用了数值积分中的雅可比矩阵,而求解雅可比矩阵存在迭代误差,收敛性和效率低等问题,且物理意义不明显.为此 Lin 和 Trom 等克服了数值摄动法的缺点采用相对坐标建立了一种递推线性化方法[57,58].但是它们均需对各种约束方程进行手工线性化处理,在非线性约束库的基础上建立一类线性约束库,所以推导演算工作量很大. 倪纯双等人利用欧拉四元数采用带乘子的第一类 Lagrange 方法建立多体系统的微分-代数型动力学方程[59],利用逐步线性化方法,分别对广义质量阵,约束方程和广义力阵在平衡位置附近进行 Taylor 展开而得到系统的线性化方程. 该方法具有程式化,易于编程,不需建立线性模型的约束库等优点.

另外,Junghsen 等利用虚功原理[60,61],使用 Maple 符号语言建立了系统的非线性动力学方程,并在零点平衡位置附近进行线性化处理得到线性模型,以此进行了步行机器人和车辆系统的控制研究,但此方法只适用于零点平衡位置的特殊情况,且对约束方程和广义力的耦合刚度效应没有进行深入的探讨.

本章基于完全笛卡儿坐标描述的多体动力学方程,利用计算机代数方法建立一种通用的线性化处理方法. 基本思想是首先建立多体系统的微分-代数型动力学方程,采用逐步线性化策略[53,59],分别对广义质量阵、约束方程和广义力阵在稳态运动附近进行泰勒级数展开而得到系统的线性化动力学方程. 此方法优点是思路清晰,程式化强,特别在约束方程和广义力产生的耦合刚度效应上回避了数值积分方法的困难,且只需建立一套非线性的约束库,不需另外为线性模型再建一套约束库,最终得到的线性方程为符号化的显式表达式,便于对系统进行特征值分析和频域分析以及控制方法的研究.

3.2 符号推导

计算机符号推导是近二十年来蓬勃发展起来的一门计算机应用学科[55]. 它的目标是对系统进行符号建模以得到系统动力学方程的显式表达式. 它与普通数值建模主要的区别就是符号推导可以很方便地对任何形式的字符、矢量、表达式乃至矩阵和张量进行各种数学运算,诸如因式分解、求导和矩阵运算等等.

　　系统建模方法可分为符号建模和数字建模两种,符号建模相对于数字建模有着许多的优点,如利用符号方程的数值计算比纯数值计算节省时间. 在计算具体问题时,参数中相当一部分为零. 因此纯数值方法必然会将大量时间消耗在零元素的加、减、乘运算上. 如果先进行符号推导,则零元素在符号方程中自行消失,就可避免与零元素的运算,节省计算时间. 另外,由于符号演算代替了部分数值计算,使纯数值计算步骤大为减少,可避免大量的累积误差,从而提高计算精度. 用符号演算推导多体系统动力学公式,得到为显式符号表达式,物理意义清楚且便于分析. 将符号推导的方法引入到多体系统动力学的研究与分析中,可以减轻人工推导的繁杂劳动,减少计算过程中出现的手工错误.

　　本文利用计算机代数符号推导方法对基于完全笛卡儿坐标描述的多体系统微分-代数型动力学方程进行符号线性化处理,得到以符号形式表述的线性方程. 在符号推导过程中,采用通用数学软件——Mathematica 语言,它是一个集成化、交互式的软件系统,主要功能包括三个方面:符号推导、数值计算和绘制图形,可以完成许多符号演算和数值计算的工作.

3.3　微分-代数型动力学方程的符号线性化方法

　　设多体系统由 N 个物体组成,用 n 个完全笛卡儿坐标 $q_i(i = 1, 2, \cdots, n)$ 描述系统的位形

$$\boldsymbol{q} = [q_1, q_2, \cdots, q_n]^{\mathrm{T}} \tag{3.1}$$

设系统有 m 个独立的约束方程

$$\boldsymbol{\Phi}(\boldsymbol{q}, t) = 0 \tag{3.2}$$

对约束方程(3.2)求一次导数得到速度约束方程

$$\boldsymbol{\Phi}_q(\boldsymbol{q}, t)\dot{\boldsymbol{q}} = -\boldsymbol{\Phi}_t \equiv b \tag{3.3}$$

其中 $\boldsymbol{\Phi}_q$ 表示雅可比矩阵，$\boldsymbol{\Phi}_t$ 表示约束方程对时间求偏导. 速度约束方程(3.3)对时间再求导一次得到系统的加速度约束方程

$$\boldsymbol{\Phi}_q(\boldsymbol{q},\ t)\ddot{\boldsymbol{q}} = -\dot{\boldsymbol{\Phi}}_t - \dot{\boldsymbol{\Phi}}_q \dot{\boldsymbol{q}} \equiv c \tag{3.4}$$

根据第二章的结果，由微分方程和约束方程联立得到一组描述多体系统的微分-代数型动力学方程

$$\begin{cases} \boldsymbol{M}\ddot{\boldsymbol{q}} + \boldsymbol{\Phi}_q^{\mathrm{T}}\lambda = \boldsymbol{Q} \\ \boldsymbol{\Phi}(\boldsymbol{q},\ t) = 0 \end{cases} \tag{3.5}$$

其中，$\boldsymbol{M} \in \Re^{n\times n}$ 为广义质量阵，$\lambda \in \Re^{m\times 1}$ 为拉氏乘子，$\boldsymbol{Q} \in \Re^{n\times 1}$ 为广义力阵，$\boldsymbol{\Phi}_q^{\mathrm{T}} \in \Re^{n\times n}$ 为约束方程的雅可比矩阵. 选取独立广义坐标为 $\boldsymbol{x}$，非独立广义坐标为 $\boldsymbol{y}$，即有

$$\boldsymbol{q} = \begin{bmatrix} \boldsymbol{y}^{\mathrm{T}},\ \boldsymbol{x}^{\mathrm{T}} \end{bmatrix}^{\mathrm{T}} \tag{3.6}$$

将速度约束方程式(3.3)分解为

$$\boldsymbol{\Phi}_x \dot{\boldsymbol{x}} + \boldsymbol{\Phi}_y \dot{\boldsymbol{y}} = b \tag{3.7}$$

由于 $\boldsymbol{\Phi}_y$ 为满秩矩阵，从而有

$$\dot{\boldsymbol{y}} = -\boldsymbol{\Phi}_y^{-1}\boldsymbol{\Phi}_x \dot{\boldsymbol{x}} + \boldsymbol{\Phi}_y^{-1}b \tag{3.8}$$

同理加速度约束方程(3.4)有

$$\ddot{\boldsymbol{y}} = -\boldsymbol{\Phi}_y^{-1}\boldsymbol{\Phi}_x \ddot{\boldsymbol{x}} + \boldsymbol{\Phi}_y^{-1}c \tag{3.9}$$

令

$$\boldsymbol{H}_x = \begin{bmatrix} -\boldsymbol{\Phi}_y^{-1}\boldsymbol{\Phi}_x \\ \boldsymbol{I} \end{bmatrix},\ \boldsymbol{H}_t = \begin{bmatrix} \boldsymbol{\Phi}_y^{-1}b \\ 0 \end{bmatrix},\ \boldsymbol{H}_{tt} = \begin{bmatrix} \boldsymbol{\Phi}_y^{-1}c \\ 0 \end{bmatrix} \tag{3.10}$$

其中 $\boldsymbol{I}$ 为 $m\times m$ 单位阵. 将式(3.8)~(3.10)代入式(3.6)得到广义坐标 $\boldsymbol{q}$ 与独立广义坐标 $\boldsymbol{x}$ 的速度和加速度关系

$$\dot{\boldsymbol{q}} = \begin{bmatrix} \dot{\boldsymbol{y}} \\ \dot{\boldsymbol{x}} \end{bmatrix} = \boldsymbol{H}_x \dot{\boldsymbol{x}} + \boldsymbol{H}_t$$

$$\ddot{\boldsymbol{q}} = \begin{bmatrix} \ddot{\boldsymbol{y}} \\ \ddot{\boldsymbol{x}} \end{bmatrix} = \boldsymbol{H}_x \ddot{\boldsymbol{x}} + \boldsymbol{H}_{tt} \tag{3.11}$$

以 $\boldsymbol{H}_x^{\mathrm{T}}$ 左乘方程式(3.5)第一式并将式(3.11)代入得到

$$\boldsymbol{H}_x^{\mathrm{T}} \boldsymbol{M} (\boldsymbol{H}_x \ddot{\boldsymbol{x}} + \boldsymbol{H}_{tt}) + \boldsymbol{H}_x^{\mathrm{T}} \boldsymbol{\Phi}_q^{\mathrm{T}} \lambda = \boldsymbol{H}_x^{\mathrm{T}} \boldsymbol{Q} \tag{3.12}$$

由于

$$\boldsymbol{H}_x^{\mathrm{T}} \boldsymbol{\Phi}_q^{\mathrm{T}} = \left[\boldsymbol{\Phi}_q \boldsymbol{H}_x \right]^{\mathrm{T}} = \left[(\boldsymbol{\Phi}_y \quad \boldsymbol{\Phi}_x) \begin{bmatrix} -\boldsymbol{\Phi}_y^{-1} \boldsymbol{\Phi}_x \\ \boldsymbol{I} \end{bmatrix} \right]^{\mathrm{T}} = 0 \tag{3.13}$$

因而消去拉氏乘子而得到由独立广义坐标 $\boldsymbol{x}$ 表示的动力学方程

$$\boldsymbol{H}_x^{\mathrm{T}} \boldsymbol{M} \boldsymbol{H}_x \ddot{\boldsymbol{x}} = \boldsymbol{H}_x^{\mathrm{T}} \boldsymbol{Q} - \boldsymbol{H}_x^{\mathrm{T}} \boldsymbol{M} \boldsymbol{H}_{tt} \tag{3.14}$$

从式(3.14)不难看出,方程的两端均为广义坐标的二次函数,若直接对其线性化处理,不但复杂和耗时,而且物理意义也不明显,另外由于约束方程为广义坐标的二次函数,一般得不到上述方程的解析表达式,为此下面采取逐步线性化的策略.

对于定常系统,由于 $\boldsymbol{H}_{tt}$ 为速度的高阶量,因此 $\boldsymbol{H}_x^{\mathrm{T}} \boldsymbol{M} \boldsymbol{H}_{tt}$ 可忽略不计. 设 $\tilde{\boldsymbol{q}}$ 为多体系统平衡位置处稳态运动, $\delta \boldsymbol{q}$ 为其稳态运动附近的小扰动,令

$$\boldsymbol{q} = \tilde{\boldsymbol{q}} + \delta \boldsymbol{q} \tag{3.15}$$

由式(3.11)可得

$$\delta \boldsymbol{q} = \boldsymbol{H}_x \delta \boldsymbol{x} \quad \delta \dot{\boldsymbol{q}} = \boldsymbol{H}_x \delta \dot{\boldsymbol{x}} \tag{3.16}$$

对广义惯量阵 $\boldsymbol{M}$ 有

$$\boldsymbol{M} = \tilde{\boldsymbol{M}} + O^1(\delta \boldsymbol{q}) \tag{3.17}$$

其中 $\tilde{\boldsymbol{M}}$ 表示稳态运动状态下的值, $O^j(\delta \boldsymbol{q})$ 表示含有 $\delta \boldsymbol{q}$ 的 j 次以上的高阶项. 对广义力阵 $\boldsymbol{Q}$ 有

$$\boldsymbol{Q} = \tilde{\boldsymbol{Q}} + \tilde{\boldsymbol{Q}}_q \delta \boldsymbol{q} + \tilde{\boldsymbol{Q}}_{\dot{q}} \delta \dot{\boldsymbol{q}} + O^2(\delta \boldsymbol{q}, \delta \dot{\boldsymbol{q}}) \tag{3.18}$$

将式(3.15)和(3.16)代入式(3.18)得到

$$Q = \widetilde{Q} + \widetilde{Q}_q H_x \delta x + \widetilde{Q}_{\dot{q}} H_x \delta \dot{x} + O^2(\delta q, \delta \dot{q}) \qquad (3.19)$$

对 H_x 进行泰勒级数展开得

$$H_x = \widetilde{H}_x + H_x^1 + O^2(\delta q) \qquad (3.20)$$

从而有

$$H_x^T M H_x = \widetilde{H}_x^T \widetilde{M} \widetilde{H}_x + O^1(\delta q) \qquad (3.21)$$

$$H_x^T Q = \widetilde{H}_x^T \widetilde{Q} + H_x^{1T} \widetilde{Q} + \widetilde{H}_x^T \widetilde{Q}_q H_x \delta x + $$

$$\widetilde{H}_x^T \widetilde{Q}_{\dot{q}} \widetilde{H}_x \delta \dot{x} + O^2(\delta q, \delta \dot{q}) \qquad (3.22)$$

令

$$T = H_x^{1T} \widetilde{Q} \qquad (3.23)$$

由式(3.15)和(3.16)得到

$$T = \widetilde{T}_{\delta q} \delta q + O^2(\delta q) = \widetilde{T}_{\delta q} \widetilde{H}_x \delta x + O^2(\delta q) \qquad (3.24)$$

则有

$$H_x^T Q = \widetilde{H}_x^T \widetilde{Q} + (\widetilde{T}_{\delta q} \widetilde{H}_x + \widetilde{H}_x^T \widetilde{Q}_q \widetilde{H}_x) \delta x + $$

$$\widetilde{H}_x^T \widetilde{Q}_{\dot{q}} \widetilde{H}_x \delta \dot{x} + O^2(\delta q, \delta \dot{q}) \qquad (3.25)$$

令

$$\hat{x} = \delta x \qquad (3.26)$$

将式(3.21)和(3.25)~(3.26)代入式(3.14)中,忽略二次以上高阶
小量,最后得到以完全笛卡儿坐标形式描述的多体系统线性化动力
学方程[62]

$$\hat{M} \ddot{\hat{x}} + \hat{C} \dot{\hat{x}} + \hat{K} \hat{x} = \hat{Q} \qquad (3.27)$$

其中

$$\hat{\boldsymbol{M}} = (\boldsymbol{H}_x^T \boldsymbol{M} \boldsymbol{H}_x)\big|_{x=\tilde{x}} = \widetilde{\boldsymbol{H}}_x^T \widetilde{\boldsymbol{M}} \widetilde{\boldsymbol{H}}_x \tag{3.28}$$

$$\hat{\boldsymbol{K}} = -\frac{\partial (\boldsymbol{H}_x^T \boldsymbol{Q})}{\partial \boldsymbol{x}}\Big|_{x=\tilde{x}} = -(\boldsymbol{T}_{\delta q} \widetilde{\boldsymbol{H}}_x + \widetilde{\boldsymbol{H}}_x^T \widetilde{\boldsymbol{Q}}_q \widetilde{\boldsymbol{H}}_x)$$

$$= -\left[\frac{\mathrm{d}(\boldsymbol{H}_x^T)}{\mathrm{d}\boldsymbol{X}^T}(\boldsymbol{I}_m \otimes \widetilde{\boldsymbol{Q}}) + \widetilde{\boldsymbol{H}}_x^T \frac{\mathrm{d}\boldsymbol{Q}}{\mathrm{d}\boldsymbol{X}^T}\right] \tag{3.29}$$

$$\hat{\boldsymbol{C}} = -(\boldsymbol{H}_x^T \boldsymbol{Q}_{\dot{q}} \boldsymbol{H}_x)\big|_{x=\tilde{x}} = -\widetilde{\boldsymbol{H}}_x^T \widetilde{\boldsymbol{Q}}_{\dot{q}} \widetilde{\boldsymbol{H}}_x \tag{3.30}$$

$$\hat{\boldsymbol{Q}} = (\boldsymbol{H}_x^T \boldsymbol{Q})\big|_{x=\tilde{x}} = \widetilde{\boldsymbol{H}}_x^T \widetilde{\boldsymbol{Q}} \tag{3.31}$$

注意到 $\hat{\boldsymbol{K}}$ 中出现了 $\boldsymbol{T}_{\delta q} \widetilde{\boldsymbol{H}}_x$ 一项,它的物理意义是由约束方程和广义力产生的耦合刚度效应,其中 $\boldsymbol{T}$ 是 $\boldsymbol{H}_x$ 的函数,由式(3.10)可知要获得该项需要求 $\boldsymbol{\Phi}_y^{-1}$ 的逆矩阵和导数等运算. 这里利用计算机代数语言,由符号推导方法确定这一项. 在计算此项过程中,首先必须求非独立广义速度系数矩阵 $\boldsymbol{\Phi}_y$ 的逆矩阵,而 $\boldsymbol{\Phi}_y^{-1}$ 一般为广义坐标的复杂非线性函数,符号求逆相当困难,尤其是对三阶以上的矩阵,由于表达式过于复杂而很难得到. 为此利用矩阵理论对广义刚度阵进行变换,即

$$\frac{\mathrm{d}(\boldsymbol{H}_x^T)}{\mathrm{d}\boldsymbol{X}^T} = \left[\frac{\mathrm{d}\boldsymbol{H}_x}{\mathrm{d}\boldsymbol{X}}\right]^T \tag{3.32}$$

$$\frac{\mathrm{d}(\boldsymbol{\Phi}_y^{-1})}{\mathrm{d}\boldsymbol{X}^T} = -(\boldsymbol{I}_m \otimes \widetilde{\boldsymbol{\Phi}}_y^{-1}) \frac{\mathrm{d}(\boldsymbol{\Phi}_y)}{\mathrm{d}\boldsymbol{X}^T} \widetilde{\boldsymbol{\Phi}}_y^{-1} \tag{3.33}$$

$$\frac{\mathrm{d}\boldsymbol{H}_x^T}{\mathrm{d}\boldsymbol{X}^T} = \begin{bmatrix} (\boldsymbol{I}_m \otimes \widetilde{\boldsymbol{\Phi}}_y^{-1}) \dfrac{\mathrm{d}\boldsymbol{\Phi}_y}{\mathrm{d}\boldsymbol{X}} \widetilde{\boldsymbol{\Phi}}_y^{-1} \widetilde{\boldsymbol{\Phi}}_x - (\boldsymbol{I}_m \otimes \widetilde{\boldsymbol{\Phi}}_y^{-1}) \dfrac{\partial \boldsymbol{\Phi}_x}{\partial \boldsymbol{X}} \\ 0 \end{bmatrix}^T \tag{3.34}$$

将式(3.10)和(3.32)~(3.34)代入式(3.29)得到

$$\hat{K} = -\frac{\partial(H_x^T Q)}{\partial X^T}\Big|_{x=\tilde{x}} = -\left[\begin{bmatrix} B \\ 0 \end{bmatrix}^T (I_m \otimes \widetilde{Q}) + \widetilde{H}_x^T \frac{dQ}{dX^T}\right]$$

(3.35)

其中

$$B = (I_m \otimes \widetilde{\boldsymbol{\Phi}}_y^{-1})\frac{d\boldsymbol{\Phi}_y}{dX}\widetilde{\boldsymbol{\Phi}}_y^{-1}\widetilde{\boldsymbol{\Phi}}_x - (I_m \otimes \widetilde{\boldsymbol{\Phi}}_y^{-1})\frac{\partial\boldsymbol{\Phi}_x}{\partial X}$$

这样求解 $\boldsymbol{\Phi}_y^{-1}$ 的问题转化为求 $\widetilde{\boldsymbol{\Phi}}_y^{-1}$ 的表达式,而 $\widetilde{\boldsymbol{\Phi}}_y^{-1}$ 与广义坐标变量 q 无关,只是初始广义坐标变量 $\tilde{q}$ 的函数,因此避免了对含有广义坐标的复杂矩阵 $\boldsymbol{\Phi}_y$ 的符号求逆运算. 该方法克服了传统数值建模方法的不足,具有程式化和通用性,力学意义清晰.

3.4 算例

根据上述符号线性化的基本方法,对由完全笛卡儿坐标描述的多体系统微分-代数型动力学方程,利用 Mathematica 软件在微机上运算了多个算例,验证了上述方法的正确性.

算例 1 双摆模型

双摆模型如图 3.1 所示,均质细杆 Ⅰ 和 Ⅱ 以铰链相连,杆 Ⅰ 长度为 L_1,质量为 m_1,杆 Ⅱ 长度为 L_2,质量为 m_2. 设双摆在 xy 平面内绕 z 轴作小幅摆动,以 1 点为原点建立坐标系,选取点 $1(x_1, y_1)$、$2(x_2, y_2)$ 和 $3(x_3, y_3)$ 为系统的参考点. 取广义坐标 $q = [x_1, y_1, x_2, y_2, x_3, y_3]^T$,独立广义坐标 $x = [x_2, x_3]^T$,非独立广义坐标 $y = [x_1, y_1, y_2, y_3]^T$,系统具有 2 个自由度,含有 4 个约束方程.

系统的约束方程 $\boldsymbol{\Phi}(q, t)$ 为

$$x_1 = 0, \ y_1 = 0$$

$$x_2^2 + y_2^2 = L_1$$

$$(y_3 - y_2)^2 + (x_3 - x_2)^2 = L_2 \tag{3.36}$$

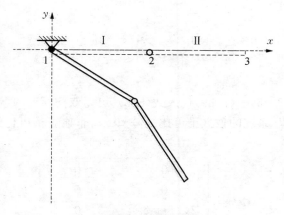

图 3.1 双摆模型

系统的广义质量阵 $\boldsymbol{M}$ 和广义力阵 $\boldsymbol{Q}$ 分别为

$$\boldsymbol{M} = \begin{bmatrix} \dfrac{m_1}{3} & 0 & \dfrac{m_1}{6} & 0 & 0 & 0 \\[2mm] 0 & \dfrac{m_1}{3} & 0 & \dfrac{m_1}{6} & 0 & 0 \\[2mm] \dfrac{m_1}{6} & 0 & \dfrac{m_1+m_2}{3} & 0 & \dfrac{m_2}{6} & 0 \\[2mm] 0 & \dfrac{m_1}{6} & 0 & \dfrac{m_1+m_2}{3} & 0 & \dfrac{m_2}{6} \\[2mm] 0 & 0 & \dfrac{m_2}{6} & 0 & \dfrac{m_2}{3} & 0 \\[2mm] 0 & 0 & 0 & \dfrac{m_2}{6} & 0 & \dfrac{m_2}{3} \end{bmatrix} \tag{3.37}$$

$$\boldsymbol{Q} = \begin{bmatrix} 0 & 0 & 0 & -\dfrac{(m_1+m_2)g}{2} & 0 & -\dfrac{m_2 g}{2} \end{bmatrix}^{\mathrm{T}} \tag{3.38}$$

系统的雅可比矩阵为

$$\Phi_q = \begin{bmatrix} 1 & 0 & 0 & 0 & 0 & 0 \\ 0 & 1 & 0 & 0 & 0 & 0 \\ -2(x_2-x_1) & -2(y_2-y_1) & 2(x_2-x_1) & 2(y_2-y_1) & 0 & 0 \\ 0 & 0 & -2(x_3-x_2) & -2(y_3-y_2) & 2(x_3-x_2) & 2(y_3-y_2) \end{bmatrix}$$

$$(3.39)$$

将式(3.36)～(3.39)代入式(3.5),可得双摆模型的微分–代数型动力学方程. 系统的独立雅可比矩阵 Φ_x 和非独立雅可比矩阵 Φ_y 分别为

$$\Phi_x = \begin{bmatrix} 0 & 0 \\ 0 & 0 \\ 2(x_2-x_1) & 0 \\ -2(x_3-x_2) & 2(x_3-x_2) \end{bmatrix} \qquad (3.40)$$

$$\Phi_y = \begin{bmatrix} 1 & 0 & 0 & 0 \\ 0 & 1 & 0 & 0 \\ -2(x_2-x_1) & -2(y_2-y_1) & 2(y_2-y_1) & 0 \\ 0 & 0 & -2(y_3-y_2) & 2(y_3-y_2) \end{bmatrix}$$

$$(3.41)$$

求平衡位置处的独立雅可比矩阵和非独立雅可比矩阵 $\widetilde{\Phi}_y$ 及广义力阵 $\widetilde{Q}$

$$\widetilde{\Phi}_x = \begin{bmatrix} 0 & 0 \\ 0 & 0 \\ 0 & 0 \\ 0 & 0 \end{bmatrix} \qquad \widetilde{\Phi}_y = \begin{bmatrix} 1 & 0 & 0 & 0 \\ 0 & 1 & 0 & 0 \\ 0 & 2L_1 & -2L_1 & 0 \\ 0 & 0 & 2L_2 & -2L_2 \end{bmatrix} \qquad (3.42)$$

$$\widetilde{Q} = \begin{bmatrix} 0 & 0 & 0 & -\dfrac{(m_1+m_2)g}{2} & 0 & -\dfrac{m_2 g}{2} \end{bmatrix}^{\mathrm{T}} \qquad (3.43)$$

求 $\widetilde{\boldsymbol{\Phi}}_y^{-1}$ 和 $\widetilde{\boldsymbol{H}}_x$

$$
\widetilde{\boldsymbol{\Phi}}_y^{-1} = \begin{bmatrix} 1 & 0 & 0 & 0 \\ 0 & 1 & 0 & 0 \\ 0 & 1 & -\dfrac{1}{2L_1} & 0 \\ 0 & 1 & -\dfrac{1}{2L_1} & -\dfrac{1}{2L_2} \end{bmatrix}
$$

$$
\widetilde{\boldsymbol{H}}_x = \begin{bmatrix} -\widetilde{\boldsymbol{\Phi}}_y^{-1}\widetilde{\boldsymbol{\Phi}}_x \\ \boldsymbol{I}_m \end{bmatrix} = \begin{bmatrix} 0 & 0 \\ 0 & 0 \\ 1 & 0 \\ 0 & 0 \\ 0 & 1 \\ 0 & 0 \end{bmatrix} \tag{3.44}
$$

注意式中 $\boldsymbol{I}_m$ 是 (2×2) 单位矩阵,它的位置在广义坐标中应与独立广义坐标位置对应. 取系统的铅垂位置为平衡位置,令 $\hat{\boldsymbol{x}} = \boldsymbol{x} - \widetilde{\boldsymbol{x}}$,根据式(3.28)、(3.29)和(3.31)可得系统的线性广义质量阵 $\hat{\boldsymbol{M}}$、线性广义刚度阵 $\hat{\boldsymbol{K}}$ 和线性广义力阵 $\hat{\boldsymbol{Q}}$ 分别为

$$
\hat{\boldsymbol{M}} = \begin{bmatrix} \dfrac{(m_1+m_2)}{3} & \dfrac{m_2}{6} \\ \dfrac{m_2}{6} & \dfrac{m_2}{3} \end{bmatrix} \tag{3.45}
$$

$$
\hat{\boldsymbol{K}} = \begin{bmatrix} -\dfrac{m_2g(2L_2+L_1)+m_1gL_2}{2L_1L_2} & \dfrac{m_2g}{2L_2} \\ \dfrac{m_2g}{2L_2} & -\dfrac{m_2g}{2L_2} \end{bmatrix} \tag{3.46}
$$

$$
\hat{\boldsymbol{Q}} = \begin{bmatrix} 0 & 0 \end{bmatrix}^{\mathrm{T}} \tag{3.47}
$$

将式(3.45)～(3.47)代入式(3.27)得到系统在稳态运动附近振动的线性化动力学方程

$$\begin{bmatrix} \dfrac{(m_1+m_2)}{3} & \dfrac{m_2}{6} \\ \dfrac{m_2}{6} & \dfrac{m_2}{3} \end{bmatrix}\begin{bmatrix} \ddot{\hat{x}}_2 \\ \ddot{\hat{x}}_3 \end{bmatrix}+$$

$$\begin{bmatrix} -\dfrac{m_2g(2L_2+L_1)+m_1gL_2}{2L_1L_2} & \dfrac{m_2g}{2L_2} \\ \dfrac{m_2g}{2L_2} & -\dfrac{m_2g}{2L_2} \end{bmatrix}\begin{bmatrix} \hat{x}_2 \\ \hat{x}_3 \end{bmatrix}=\begin{bmatrix} 0 \\ 0 \end{bmatrix} \quad (3.48)$$

这与手工推导的结果完全一致.

算例 2 弹簧单摆模型

如图 3.2 所示,弹簧的刚度系数为 k,其左端固结于墙上,右端连接一小车,其质量为 m_1,在小车的质心 A 处悬挂一重物,其质量为 m_2,绳长为 L. 设弹簧和绳的质量均忽略不计. 该系统可简化为一弹簧单摆模型. 选取小车质心 $A(x_1,y_1)$ 和重物质心 $B(x_2,y_2)$ 为系统的参考点,选取该系统的广义坐标为

$$\boldsymbol{q}=[x_1,y_1,x_2,y_2]^T$$

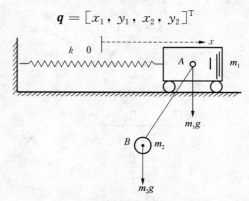

图 3.2 弹簧单摆模型

独立广义坐标

$$\boldsymbol{x} = \begin{bmatrix} x_1, & x_2 \end{bmatrix}^{\mathrm{T}}$$

非独立广义坐标

$$\boldsymbol{y} = \begin{bmatrix} y_1, & y_2 \end{bmatrix}^{\mathrm{T}}$$

系统具有两个自由度,含有两个约束方程.首先导出系统微分-代数型动力学方程,进行符号线性化,得到系统线性广义质量阵$\hat{\boldsymbol{M}}$、线性广义刚度阵$\hat{\boldsymbol{K}}$和广义力阵$\hat{\boldsymbol{Q}}$.

$$\hat{\boldsymbol{M}} = \begin{bmatrix} m_1 & 0 \\ 0 & m_2 \end{bmatrix} \quad \hat{\boldsymbol{K}} = \begin{bmatrix} \dfrac{m_2 g}{L} - \dfrac{k}{2} & -\dfrac{m_2 g}{L} \\[3mm] -\dfrac{m_2 g}{L} & \dfrac{m_2 g}{L} \end{bmatrix} \quad \hat{\boldsymbol{Q}} = \begin{bmatrix} \dfrac{kx_1}{2} \\[3mm] 0 \end{bmatrix}$$

$$(3.49)$$

由式(3.27)可得系统在平衡位置附近运动的符号化线性动力学方程

$$\begin{bmatrix} m_1 & 0 \\ 0 & m_2 \end{bmatrix} \begin{bmatrix} \ddot{\hat{x}}_1 \\ \ddot{\hat{x}}_2 \end{bmatrix} + \begin{bmatrix} \dfrac{m_2 g}{L} - \dfrac{k}{2} & -\dfrac{m_2 g}{L} \\[3mm] -\dfrac{m_2 g}{L} & \dfrac{m_2 g}{L} \end{bmatrix} \begin{bmatrix} \hat{x}_1 \\ \hat{x}_2 \end{bmatrix} = \begin{bmatrix} \dfrac{kx_1}{2} \\[3mm] 0 \end{bmatrix}$$

$$(3.50)$$

为验证本文符号线性化方法和据此编制的软件有效性和正确性,下面利用完全笛卡儿坐标描述的拉格朗日方程推导算例 2 系统动力学方程.

系统的动能为

$$T = \frac{1}{2} m_1 \dot{x}_1^2 + \frac{1}{2} m_2 \left[\dot{x}_1^2 + \frac{L^2 (\dot{x}_2 - \dot{x}_1)^2}{L^2 - (x_2 - x_1)^2} + \right.$$

$$2x_1 \frac{L(\dot{x}_2 - \dot{x}_1)}{\sqrt{L^2 - (x_2 - x_1)^2}} \cos\left(\arcsin\frac{x_2 - x_1}{L}\right)\Big] \quad (3.51)$$

系统的势能为

$$V = -\frac{1}{2}kx_1^2 - m_2 gL \cos\left[\arcsin\frac{x_2 - x_1}{L}\right] \quad (3.52)$$

由拉格朗日方程[54]

$$\frac{\mathrm{d}}{\mathrm{d}t}\left(\frac{\partial T}{\partial \dot{q}_k}\right) - \frac{\partial T}{\partial q_k} = -\frac{\partial V}{\partial q_k} \quad (k = 1, 2, \cdots, 4) \quad (3.53)$$

将式(3.51)和(3.52)代入式(3.53)中求得系统的动力学方程

$$m_1 \ddot{x}_1 - \frac{m_2 L^2 (\ddot{x}_2 - \ddot{x}_1)}{L^2 - (x_2 - x_1)^2} + m_2 (\ddot{x}_2 - \ddot{x}_1) +$$

$$\frac{m_2 (x_2 - x_1)\sqrt{L^2 - (x_2 - x_1)^2}(\dot{x}_2 - \dot{x}_1)^2}{\left[L^2 - (x_2 - x_1)^2\right]^{\frac{3}{2}}} -$$

$$\frac{m_2 (x_2 - x_1)(\dot{x}_2 - \dot{x}_1)^2}{L^2 - (x_2 - x_1)^2} - \frac{m_2 L^2 (x_2 - x_1)(\dot{x}_2 - \dot{x}_1)^2}{\left[L^2 - (x_2 - x_1)^2\right]^2} -$$

$$\frac{m_2 g(x_2 - x_1)}{\sqrt{L^2 - (x_2 - x_1)^2}} - kx_1 = 0 \quad (3.54)$$

$$\frac{m_2 L^2 (\ddot{x}_2 - \ddot{x}_1)}{L^2 - (x_2 - x_1)^2} + m_2 \ddot{x}_1 + \frac{m_2 L^2 (x_2 - x_1)(\dot{x}_2 - \dot{x}_1)^2}{\left[L^2 - (x_2 - x_1)^2\right]^2} +$$

$$\frac{m_2 g(x_2 - x_1)}{\sqrt{L^2 - (x_2 - x_1)^2}} = 0 \quad (3.55)$$

令 $x_1 = x_{01} + \Delta x_1$，$x_2 = x_{02} + \Delta x_2$，其中 x_{01}，x_{02} 表示平衡位置处 x_1，x_2 的值，Δx_1，Δx_2 表示 x_1，x_2 在稳态运动附近的微小位移. 将它们分别代入到式(3.54)和(3.55)中并展开，注意 $x_{01} = x_{02} = 0$，忽略二

阶以上项并化简得到线性化动力学方程.

$$\begin{cases} m_1 \Delta \ddot{x}_1 + \dfrac{m_2 g}{L}(\Delta x_1 - \Delta x_2) = k \Delta x_1 \\ m_2 \Delta \ddot{x}_2 + \dfrac{m_2 g}{L}(\Delta x_2 - \Delta x_1) = 0 \end{cases} \tag{3.56}$$

比较式(3.50)和(3.56),可知利用拉格朗日方程导出的线性化动力学方程和本文符号推导得到的线性动力学方程是一致的.

3.5 本章小结

多体系统动力学方程分为两类形式,即微分方程和微分-代数方程.这两类方程都是针对大位移系统,并且方程呈强非线性.为研究多体系统小位移或振动问题,本章提出一种基于完全笛卡儿坐标的多体系统动力学微分-代数方程符号线性化方法.建立了用完全笛卡儿坐标描述的多体系统动力学微分-代数方程,讨论微分-代数方程线性化计算机代数问题.利用逐步线性化方法和计算机代数,分别对多体系统微分-代数方程的广义质量阵,约束方程和广义力阵在平衡位置附近进行泰勒展开.由于利用完全笛卡儿坐标描述多刚体系统,在推导系统的线性动力学方程中,约束方程及其雅可比矩阵分别为坐标的二次和线性式,不含三角等超越函数运算.动力学方程中的各矩阵均为完全笛卡儿坐标的多项式函数,而多项式的运算和化简又便于符号推导.因此,从符号推导的角度看,基于完全笛卡儿坐标表示的微分-代数型动力学方程进行线性化,优于其他坐标方法表示的微分-代数型动力学方程符号线性化.

第四章　非完整运动控制概述

4.1　非完整约束

从运动学观点理解,约束的广泛涵意不仅限制物体的空间位置,而且也限制物体的速度,也可以说,约束是对物体的运动状态的限制.这种限制可以用联系状态变量和时间变量的约束方程表示.其约束方程的一般形式为

$$\boldsymbol{\Phi}(\boldsymbol{q},\ \dot{\boldsymbol{q}},\ t) = 0 \tag{4.1}$$

在任一瞬时,约束方程(4.1)对应于系统的状态空间中确定的光滑超曲面,称为约束曲面.当约束方程中显含时间变量时,约束曲面随时间而不断改变其几何形状,这种约束称为非定常约束.不显含时间变量的约束方程对应于状态空间中固定不变的约束曲面,称为定常约束,其一般形式为

$$\boldsymbol{\Phi}(\boldsymbol{q},\ \dot{\boldsymbol{q}}) = 0 \tag{4.2}$$

如果约束将系统的运动限制在位形空间 $\boldsymbol{Q}$ 中的一个光滑超曲面上,则该约束就称为是完整的.采用微分几何的术语和表示方法,可将该光滑超曲面称为流形[63].从局部来说,完整约束可表示为位形空间中的一组代数约束

$$\boldsymbol{\Phi}_i(\boldsymbol{q}) = 0 \quad i = 1,\ 2,\ \cdots,\ k \tag{4.3}$$

系统运动流形的维数为 $n-k$. 每一个 $\boldsymbol{\Phi}_i$ 都是从 $\boldsymbol{Q}$ 到 $\Re$ 的映射,这种限制系统的位置约束称为几何约束.几何约束不仅对系统的位形有了限制,相应地也同时对系统的速度分量有限制.这个限制方程可以

通过将原几何约束方程对时间求全导数而得到. 由式(4.3)得

$$\sum_{s=1}^{N} \frac{\partial \boldsymbol{\Phi}_i}{\partial \boldsymbol{q}_s} \dot{\boldsymbol{q}}_s = 0 \quad \text{或} \quad \frac{\partial \boldsymbol{\Phi}}{\partial \boldsymbol{q}} \dot{\boldsymbol{q}} = 0 \tag{4.4}$$

式(4.4)称为几何约束的微商形式. 可以看到,几何约束的微分形式都是恰当微分形式.

一般情况下,对于位形空间为 $\boldsymbol{Q}$ 的系统,可将速度约束写为如下形式

$$\boldsymbol{A}(\boldsymbol{q}) \dot{\boldsymbol{q}} = 0 \tag{4.5}$$

其中 $\boldsymbol{A}(\boldsymbol{q}) \in \mathfrak{R}^{k \times n}$ 表示 k 个速度约束的集合. 具有这种形式的约束称为 Pfaffian 约束. 由于 Pfaffian 约束只是限制了系统的许可速度,而不是必需的位移,所以不能将其表示为位形空间的代数约束. 如果存在一个矢量值函数 $\boldsymbol{\Phi}: \boldsymbol{Q} \to \mathfrak{R}^k$,使得

$$\boldsymbol{A}(\boldsymbol{q}) \dot{\boldsymbol{q}} = 0 \quad \Leftrightarrow \quad \frac{\partial \boldsymbol{\Phi}}{\partial \boldsymbol{q}} \dot{\boldsymbol{q}} = 0 \tag{4.6}$$

则认为 Pfaffian 约束是可积的. 因此可积的 Pfaffian 约束等价于完整约束;反之,如不可积,则称为非完整约束.

对于式(4.5)一般 Pfaffian 约束,系统运动的限制可以分为三种情况[64]:

式(4.5)为恰当微分形式. 此时 Pfaffian 约束就是几何约束的微分形式,因而可积分为有限形式的约束方程. 这种情况的约束称为"完整约束".

式(4.5)为非恰当微分的可积情况. 这时只要找到了积分因子,式(4.5)的 Pfaffian 约束同样可以积分为有限形式. 这种情况称之为"部分完整约束"(Partially holonmic). 完整约束和部分完整约束也可统称为"完整约束"或"可积约束".

式(4.5)为不可积的情况. 此时称之为"非完整约束"或"完全非完整约束"(Completely nonholonmic).

4.2 非完整控制系统

在上一节中讨论了系统在约束下的运动学情况. 对于实际系统, 为了满足和达到工程技术要求, 必须进行适当的控制, 以确保系统在外加输入控制下达到预定的控制效果. 非完整控制系统是指含有控制输入的非完整约束下的系统, 它属于非线性控制系统范畴. 根据系统的不同特点, 控制输入可以是速度、力或力矩等参数. 一般来说, 以速度为控制输入变量对应着控制系统的运动学模型, 控制输入变量为力或力矩则对应着控制系统的动力学模型. 本节概要介绍非完整系统工程应用背景和非完整控制系统模型.

4.2.1 工程中的非完整系统

在工程应用领域中, 有很多非完整系统的例子和非完整控制系统的实例. 可以大体上划分为以下几种类型:

(1) 刚体间含由滚动接触的系统[65-70]

这类系统存在于受不可积运动约束的机械系统, 也称为经典非完整系统. 如在平面上滑行的冰刀或雪橇; 无滑动作平面运动的圆盘或圆球; 轮子作无滑动的滚动的移动机器人或车辆; 手指在被抓物体上作无滑动滚动的多指机器人; 带 N 个箱体的拖车等等.

(2) 角动量守恒的多体系统[71-76]

这类系统存在于受动力学约束的机械系统. 如力学系统的运动具有某种对称性, 那么系统就存在有守恒量, 若这种守恒量是不可积的, 则该系统就是非完整系统. 最普遍的例子是角动量守恒, 即角动量函数为不可积时, 那么系统则为非完整系统. 这种非完整系统包括有全驱动的多体航天器和欠驱动的对称刚体航天器; 带空间机械臂的航天器; 在空中运动的跳水或体操运动员; 平面型太空机器人等等.

(3) 欠驱动系统[77-81]

欠驱动非完整系统是在运动过程中受到不可积的加速度约束,

因此又称为二阶非完整系统(简称欠驱动系统). 欠驱动系统是一类构成系统的广义坐标维数多于控制输入维数的非完整系统. 在工程技术领域有着广泛的应用背景,如欠驱动机械臂;欠驱动(带有两个飞轮)航天器;欠驱动水面或水下船舶等等. 这些系统存在欠驱动问题大致有三个原因:

① 为降低成本或减轻重量而考虑欠驱动(含有非驱动关节)设计;

② 在正常运行时系统的一个或多个驱动或激励失效;

③ 某些系统的固有内在特性.

如空间机械臂在空间作业常常要求机械臂有足够的灵活性和冗余度即较多的自由度,在微重力环境下,机械臂可以使用高强度碳纤维等重量极轻的材料,但驱动电机目前还无法做得非常轻巧,而用欠驱动系统就可以大大减轻重量. 另外对于某些结构特别紧凑、无法安排驱动装置,或者对降低成本有特殊要求的场合,也可以考虑欠驱动系统的设计. 又如航天器以三个飞轮或喷气为执行单元的反作用控制系统通常具有三维控制作用,由于个别推进器失效会导致执行器的有效配置失去完整性,即不能产生完整的三维控制作用,此时航天器反作用控制系统变为欠驱动系统.

4.2.2 非完整控制系统模型

下面介绍几种非完整控制系统模型,并讨论这些模型之间的关系. 这些模型虽然不是直接的力学模型,但是它们均可由许多实际系统通过全局或局部的坐标变换得到. 从经典力学的角度,可将非完整控制系统模型分为运动学模型和动力学模型.

(1) 运动学模型

非完整控制系统可以表示为无漂移仿射系统

$$\dot{x} = g_1(x)u_1 + \cdots + g_m(x)u_m \tag{4.7}$$

式中：$\boldsymbol{x} = (x_1, \cdots, x_n)^{\mathrm{T}}$，$2 \leqslant m < n$，是 $\mathfrak{R}^n$ 上的状态向量. 控制输入 u_i，$i = 1, \cdots, m$ 为广义速度量，$g_i(\boldsymbol{x})$，$i = 1, \cdots, m$，是 $\boldsymbol{J}^{\mathrm{T}}(\boldsymbol{x})\dot{\boldsymbol{x}} = 0$ 零空间的一组基. 其中 $\boldsymbol{J}^{\mathrm{T}}(\boldsymbol{x})\dot{\boldsymbol{x}} = 0$ 为 Pfaffian 约束方程.

方程(4.7)是非完整运动学系统的一般形式，在许多应用中，可以通过选择 $\boldsymbol{J}^{\mathrm{T}}(\boldsymbol{x})$ 零空间的不同基而得到不同形式，或者说可以转化为一些特殊的非完整系统. 例如对于有两个控制输入（$m = 2$）时[82-84]，可以得到如下的链式系统（也称 Chaplygin 系统）

$$\dot{x}_1 = u_1$$
$$\dot{x}_2 = u_2 \qquad\qquad (4.8)$$
$$\dot{x}_i = x_{i-1}u_1 \quad i = 3, \cdots, n$$

在链式系统中，当 u_1 为非零常数时，系统状态 x_2 到 x_n 为 u_2 驱动的积分链. 当 u_1 为时间函数而不是状态时，状态 x_2 到 x_n 构成的子系统变成一个单输入单输出线性时变系统. 因此，链式系统虽然是非线性系统，但它可以说具有很强的本质线性结构. 工程系统中如单轮车、四轮汽车、移动小车和带 n 个拖厢的汽车等，其运动学模型都可以转换为链式系统. 对链式结构特性的研究表明[76]，对于状态数低于 5 维，形式如式(4.7)的两输入非线性仿射系统，总可以通过全局或局部状态反馈转化为链式系统. Murray 和 Sastry 给出了式(4.7)的无漂仿射非线性系统转换成链式系统的充分条件[82]. 与链式系统等价的另一种形式为幂式系统[85]

$$\dot{x}_1 = u_1$$
$$\dot{x}_2 = u_2 \qquad\qquad (4.9)$$
$$\dot{x}_i = \frac{x_1^{i-2}}{(i-2)!}u_2 \quad i = 3, \cdots, n$$

以上两种形式都可以用于各种力学系统的运动学建模以及讨论非完整运动学控制问题，如冰刀系统、滚轮系统、拖车、空间机器人和空间多体航天器.

(2) 动力学模型

在上面的讨论中,系统的控制输入均为广义速度量. 在实际工程系统中许多情况都是采用力或力矩进行控制,即输入为广义加速度量. 这种情况下式(4.7)中的广义速度量变成了状态而不是实际的控制输入.

以带非完整约束的力学系统来作说明,d'Alembert-Lagrange 动力学方程及非完整约束方程描述如下[86]

$$M(q)\ddot{q} + f(q, \dot{q}) = J(q)\lambda + B(q)\tau$$
$$J^{\mathrm{T}}(q)\dot{q} = 0 \tag{4.10}$$

其中 $M(q)$ 为 $n\times n$ 正定对称的惯性矩阵, $J(q)$ 为 $n\times(n-m)$ 满秩阵, λ 是 $n-m$ 维的 Lagrange 矢量乘子, $B(q)$ 是 $n\times p$ 阵, τ 是 p 维的矢量力矩. 令 $g_1, g_2, \cdots, g_m$ 表示 $J(q)$ 的零空间的一组基, $g(q) = [g_1(q), g_2(q), \cdots, g_m(q)]$, 有 $J^{\mathrm{T}}(q)g(q) = 0$, 且

$$\dot{q} = g_1(q)v_1 + \cdots + g_m(q)v_m \tag{4.11}$$

其中 $v = (v_1, v_2, \cdots, v_m)$ 可看成为系统的速度控制量或广义速度控制量. 对式(4.11)微分得

$$\ddot{q} = g(q)\dot{v} + \frac{\partial g(q)}{\partial q}\dot{q}$$

将上式代入式(4.10)第一个方程,两边乘以 $g^{\mathrm{T}}(q)$ 可得

$$g^{\mathrm{T}}(q)M(q)g(q)\dot{v} + F(q, \dot{q}) = g^{\mathrm{T}}(q)B(q)\tau \tag{4.12}$$

设矩阵 $g^{\mathrm{T}}(q)B(q)$ 为可逆,取输入变换

$$\tau = [g^{\mathrm{T}}(q)B(q)]^{-1}[g^{\mathrm{T}}(q)M(q)g(q)u + F(q, \dot{q})] \tag{4.13}$$

则式(4.13)可被反馈线性化为形式 $\dot{v} = u$, 于是,得到基于动力学的非完整控制系统模型

$$\dot{\boldsymbol{q}} = \boldsymbol{g}_1(\boldsymbol{q})v_1 + \cdots + \boldsymbol{g}_m(\boldsymbol{q})v_m,\ m < n$$
$$\dot{\boldsymbol{v}} = \boldsymbol{u}$$

(4.14)

可见非完整控制系统的动力学模型能够通过运动学模型的自然延伸得到,同样也可得到扩展的链式系统和幂式系统. 另外式(4.14)还可加上漂移项推广到更一般形式的非完整控制系统.

4.3　非完整运动规划

非完整控制问题可以分为开环控制和闭环控制两类问题,运动规划问题是一种开环控制问题. 所谓开环控制就是给定控制输入信号操纵一个非完整系统从初始状态运动到末端状态,而不考虑外界对系统的扰动. 为了理解非完整系统运动规划问题,将其和完整机械系统的运动规划作比较. 对于一个完整系统,可以找到一套独立通用的坐标系,因此,在坐标系空间内可以任意运动. 相反,对于一个非完整系统,一套独立的通用坐标不存在,因此,并非每种运动都是可行的,只有满足非完整约束的那些运动才是可行的. 然而,完全的非完整假设保证可行的运动的确存在,使得能够调整任意的初始状态到任意的最终状态[82,83].

非完整运动规划的控制问题困难不仅在于系统的非完整性,而且还取决于其控制目标函数. 非完整运动规划问题根据目标函数可分为三类,即一般运动规划问题、最优运动规划问题以及避障运动规划问题. 在过去的十多年里,有关非完整运动规划方面文献已大量涌现,并提出许多求解的有效方法,如微分几何和微分代数学方法、几何相位法、输入参数化方法以及平均法等等.

（1）微分几何的方法[87-90]

李括号、李代数是非线性系统几何方法的核心之一. 许多实际运用的运动规划方法都是基于李代数方法的. 先简单介绍一下李代数方法的原理.

对微分方程 $$\dot{\boldsymbol{q}} = f(\boldsymbol{q}) \qquad (4.15)$$

用 $\boldsymbol{\Phi}_t^j(\boldsymbol{q})$ 表示 t 时的微分方程状态,因此 $\boldsymbol{\Phi}_t^j(\boldsymbol{q}): \Re^n \to \Re^n$ 满足

$$\frac{\mathrm{d}}{\mathrm{d}t} \boldsymbol{\Phi}_t^j(\boldsymbol{q}) = f\left[\boldsymbol{\Phi}_t^j(\boldsymbol{q})\right] \quad \boldsymbol{q} \in \Re^n \qquad (4.16)$$

考虑带两个输入的无漂移仿射系统 $\dot{\boldsymbol{q}} = \boldsymbol{g}_1(\boldsymbol{q})u_1 + \boldsymbol{g}_2(\boldsymbol{q})u_2$. 对矢量场 $\boldsymbol{g}_1$,$\boldsymbol{g}_2$ 有如下形式的映射

$$\boldsymbol{\Phi}_t^{-\boldsymbol{g}_2} \circ \boldsymbol{\Phi}_t^{-\boldsymbol{g}_1} \circ \boldsymbol{\Phi}_t^{\boldsymbol{g}_2} \circ \boldsymbol{\Phi}_t^{\boldsymbol{g}_1}(\boldsymbol{q}_0) \qquad (4.17)$$

设 $u_1 = 1$,$u_2 = 0$,则系统沿矢量场 $\boldsymbol{g}_1$ 运动. 若 $u_1 = 0$,$u_2 = 0$ 则系统沿矢量场 $\boldsymbol{g}_2$ 运动. 假设系统从原点开始,先沿 $\boldsymbol{g}_1$ 运动 Δt 秒,再沿 $\boldsymbol{g}_2$ 运动 Δt 秒,再沿 $-\boldsymbol{g}_1$ 运动 Δt 秒,再沿 $-\boldsymbol{g}_2$ 运动 Δt 秒. 对于很短时间 Δt,运动最终状态可以表示为 $[\boldsymbol{g}_1, \boldsymbol{g}_2](0)(\Delta t)^2$,其中 $[\boldsymbol{g}_1, \boldsymbol{g}_2](0)$ 表示 Lie 括号. 定义两个矢量场 $\boldsymbol{g}_1$,$\boldsymbol{g}_2$ 的李括号为

$$[\boldsymbol{g}_1, \boldsymbol{g}_2](\boldsymbol{q}) = \frac{\partial \boldsymbol{g}_2}{\partial \boldsymbol{x}} \boldsymbol{g}_1(\boldsymbol{q}) - \frac{\partial \boldsymbol{g}_1}{\partial \boldsymbol{x}} \boldsymbol{g}_2(\boldsymbol{q}) \qquad (4.18)$$

因此,李括号表示的是由两个矢量场 $\boldsymbol{g}_1$ 和 $\boldsymbol{g}_2$ 所定义的矩形流动时所产生的无穷小(实际是二阶无穷小). 显然,对于线性定常系统,即 $\boldsymbol{g}_1$,$\boldsymbol{g}_2$ 为定常矢量场,则映射(4.17)在坐标系中画出一个矩形又回到 $\boldsymbol{q}_0$. 若 $\boldsymbol{g}_1$,$\boldsymbol{g}_2$ 为非定常矢量场,则映射(4.17)所描述的轨线一般不会回到原点,这是因为 $\boldsymbol{g}_1$,$\boldsymbol{g}_2$ 向量场的交互作用会产生出新的方向. 可以说,这是非线性系统的一个特性. 正是由于输入渠道之间的相互作用,才使得非线性系统的情况比线性系统复杂得多. 通过在 $\boldsymbol{g}_1$ 和 $\boldsymbol{g}_2$ 之间转化运动,可以产生新的运动方向 $[\boldsymbol{g}_1, \boldsymbol{g}_2](0)$,并且满足非完整约束. 通过更复杂的转换,可以导出更多的由迭代的 $\boldsymbol{g}_1$ 和 $\boldsymbol{g}_2$ 的 Lie 括号所定义的运动方向. 以移动机器人作为例子,运动学模型可根据方程(4.7)建立. 其中 $\boldsymbol{g}_1 = (\cos\theta, \sin\theta, 0)^\mathrm{T}$,$\boldsymbol{g}_2 = (0, 0, 1)^\mathrm{T}$. 机器人沿 $\boldsymbol{g}_1$ 的运动为前进方向,沿 $\boldsymbol{g}_2$ 的运动是绕机器人质心逆

时针旋转. 机器人的运动包括先沿 g_1 运动 Δt 秒(前进),然后沿 g_2 运动 Δt 秒(旋转),然后沿 $-g_1$(后退),最后沿 $-g_1$(顺时针旋转) Δt 秒. 不难看出,在时间 Δt 内,机器人产生的运动(纯运动)是移动到于初始位形平行的一侧. 事实上,Lie 括号 $[g_1, g_2] = (-\sin\theta, \cos\theta, 0)^T$ 精确地预示了运动方向. 移动机器人根据无滑动条件(非完整约束)在 Δt 时间内移于一侧的运动是不可能发生,但可以通过转换满足非完整约束的运动使之发生.

在迭代 Lie 括号的方向上,Lafferriere 等人针对非完整运动规划问题,提出了一种采用分段定常输入的运动规划方法[87,91]. 这种算法基于将条形连续输入的结果展开成一种正态分布. 可以证明,当起点和终点较接近时,该方法可使原系统更加接近目标,接近程度至少一半. 将路径分成许多小段,重复运用该算法,就可任意接近该目标.

类似方法还有 M'closkey 等人采用 Stokes 定理以及泰勒级数等方法对 Chaplygin 形式的非完整控制系统设计出分段定常的输入[92]. 实际上,除了分段定常输入方法外,还可以采用多项式形式的切换输入方法[63].

(2) 基于微分代数的方法[93-97]

微分平坦系统是近年来较受重视的一种微分代数方法,可用于解决非完整系统的运动规划问题以及跟踪控制问题等等. 微分平坦系统指对于无漂移的非线性仿射系统,若存在与控制相同维数的输出,它是状态、输入以及输入微分的函数,并使得状态和输入可表示成输出及其微分的函数,则称该系统为微分平坦系统. 研究表明许多移动机器人系统满足微分平坦条件. 例如,Gurvits 等人指出任何三个输入五个状态的可控的非线性仿射形式的无漂系统一定是平坦的[98]. 对于微分平坦系统,运动规划问题变为寻找合适的满足初态和终态边界条件的平坦输出,对该输出微分可得到期望的输入与轨迹. 这类方法的优点在于不需要复杂的积分过程. 缺点是该方法只对微分平坦系统有效,并且平坦输出往往不容易找到.

基于平均理论的用于非完整控制系统运动学模型的方法由

Gurvits、Leonard 和 Krishnaprasad 等人提出[99-102]，其基本思想是利用高频和高幅周期控制输入在 Lie 括号方向产生运动. 在特定的公差范围，当原系统操纵要求不高时，在这些高频输入下产生的平均系统可被精确的调整. Tilbury 等人在类似拖车系统的动力环境下对正弦输入算法结果作了检验[90].

对于非完整运动规划，Tilbury 和 Teel 等人研究并提出外微分方法[90,103]. 该方法的基本思想是采用外微分形式描述系统的非完整 Pfaffian 约束. 与矢量场描述方法相比，它在计算以及状态和控制变换上显示出优点，另外还有助于对非完整运动规划问题的几何解释.

（3）基于几何相位法的运动规划[86,99,104]

对非完整 Chaplygin 系统，可以使用几何相位法. 运用几何相位法研究非完整运动规划首先由 Bloch 和 Kelly 等人提出[86, 104]. 根据动力学 Chaplygin 类型的非完整控制系统，假设基矢量 y 做一个周期运动 $y(t)$, $0 \leqslant t \leqslant 1$, 满足 $y(0) = y(1)$. 系统位形矢量之差 $x(1) - x(0)$ 可以描述为一个沿基矢量路径的线积分

$$x(1) - x(0) = \oint_{\gamma} g(y) \mathrm{d}y \tag{4.19}$$

式中，$\gamma = \{y(t): 0 \leqslant t \leqslant 1\}$ 是基矢量路径. 此线性积分的值不依赖于任何特殊参数的选择，而仅仅依赖于几何路径. 这样，对于 Chaplygin 系统的运动规划问题可以简化为设计一个简单和可达的几何相位基路径. 通过考虑有限维的一组参数化基路径，问题可简化为一个参数值的求根问题.

为了解决求根问题，能否估计出一个给定曲线路径的几何形状是很重要. 用斯托克斯定理和泰勒级数展开，就可以把线积分（4.19）展成为一个包含 g_1, $\cdots$, g_m 的迭代 Lie 括号的序列. 对于一个幂零系统，此序列是有限的，由斯托克斯定理将式（4.19）中的线积分简化为一个面积分[105]，因而为几何相位提供一个明确表达. Gurvits 和 Li[99] 研究了一个非完整控制系统表明，几何相位的值可通过跟踪基空间的轨迹来得到，矩形子路径尤其方便，并已在许多研究中

得到应用.

(4) 输入参数化的运动规划[82, 106-108]

采用输入参数化的方法,这类方法考虑采用一组与状态参数有关的有限维函数系列使得输入被参数化,控制输入函数类型可以为正弦函数、分段定常、多项式函数等等. 考虑一个非完整控制系统的运动学模型如式(4.7),目标为在给定时间$[0, T]$内,系统由初始状态 $x_0 \in \Re^n$ 运动到特定的末状态 $x_f \in \Re^m$. 令 $\{U(\alpha), \alpha \in \Re^q\}$ 为控制输入的相关参数族,$U(\alpha)$:$[0, 1] \rightarrow \Re^m$,其中 $\alpha \in \Re^q$ 为参数. $\hat{x}(\alpha; t)$,$0 \leqslant t \leqslant 1$ 表示式(4.7)在 $\hat{x}(\alpha; 0) = 0$ 以及 $u(t) = U(\alpha; t)$ 时的解. 令 G:$\Re^q \rightarrow \Re^n$ 由 $G(\alpha) = \hat{x}(\alpha; 1)$ 定义. 若控制族 $\{U(\alpha; \bullet)$:$\alpha \in \Re^q\}$ 足够多,且 G 就在 $\Re^n$ 上. 在这种情况下,操纵系统从初始位置到达任一位置 $x \in \Re^n$ 的控制输入 $\hat{u}(x; t)$,$0 \leqslant t \leqslant 1$ 可通过 $\hat{u}(x; t) = U(\alpha; t)$,$0 \leqslant t \leqslant 1$ 来定义,其中 α 是 $G(\alpha) = x$ 时的解. 由于系统(4.7)是无漂移的,因此,很容易证明,通过重新调整时间,控制函数能够在时间间隔$[0, T]$内,操纵系统从初始位形 x_0 到末端位形 x_f.

在许多文献中都体现了这一简单的思想. 如 Bushnell[107] 和 Murray[108] 阐述了如何利用一系列频率完全相关的正弦曲线调整幂次或链式结构的系统. Lewis 等[89] 研究用一组频率完全相关的正弦曲线去调整拖车系统. Tilbury 等研究了其他控制族如分段控制输入和多项式输入[90]. 这种参数控制方法的基本思想是通过反馈策略和调整不连续时间来产生输入,不同的样本用于不同的输入,Divebiss 和 Wen 提出使用梯度减小的算法来求解 $G(\alpha) = x$[109]. 这种方法可被用作调整非完整系统的运动学和动力学模型.

同时输入参数法对于引入神经网络和其他研究策略提供了一个方便的基础. 它可以用于即时确定 G 的映射,在试验完成后,它们可用作求解 $G(\alpha) = x$ 的近似解. 已有学者用神经网络的方法研究非完整运动规划问题已应用于自由飞行多体系统中.

4.4　非完整多体航天器姿态运动规划

随着航天技术和机器人技术的进一步发展,带有非完整约束的非线性控制系统受到越来越多的重视,并得到深入和广泛的研究. 多体航天器根据其结构特性可分为两种类型,一种是由载体和连接载体的附件如机械臂、太阳帆板和动量飞轮等组成;另一种为多个刚体组成的空间链式系统如双刚体航天器和空间多连杆机构等. 两者的区别为前者有一个刚体被指定为主刚体(载体),而后者没有主刚体和附件刚体之分. 由于工作在微重力环境下,多体航天器完全不同于一般地面多体系统,在没有外力矩作用下空间多体航天器姿态运动时满足动量守恒定律. 其中包括线动量守恒和角动量守恒两部分. 线动量守恒方程可以完全积分,是系统的完整约束,而角动量守恒方程不能完全积分,为系统的非完整约束. 由于刚体之间的动力学耦合作用,非完整约束存在的显著特点是系统内任一刚体的运动必将引起整个系统姿态的改变. 这一方面给航天器姿态运动规划和控制带来一定的困难,另一方面也为控制航天器载体姿态提供了一种方法,即通过系统内某些刚体的运动使系统或载体的姿态达到期望的目标姿态. 因此如何结合非完整特性对系统进行运动规划和控制是空间多体航天器研究领域的热点问题,也是本文重点讨论的问题. 根据已有的大量资料统计分析表明这方面的研究主要集中在两个方面,即带空间机械臂的航天器和带有两个动量飞轮(欠驱动)的航天器. 空间双刚体航天器和多连杆机构的运动规划问题有少量报道,带太阳帆板航天器的姿态运动规划问题未见报道.

自由漂浮空间机械臂与载体的动力学耦合作用,使得航天器系统运动学和动力学呈现出一些特殊性质. 非完整约束的存在使空间机器人系统的运动发生漂移,即当机器人臂作一次循环运动后,空间机器人系统的状态发生变化. 这种变化靠系统内部的运动不能消除,会对系统的姿态造成不良影响. 从资料的研究成果看,解决这一问题的方法有三种：第一是在空间机器人载体上安装姿态控制器，依靠喷射气体来调整航天器载体的姿态；另一种方法是在空间航天器上安装姿态补偿机构，依靠它的运动来调整航天器载体的姿态；第三种方法是利用机器人本身的运动来调整航天器载体的姿态，但是当同时要求机器人完成末端工作任务的同时调整航天器载体的姿态或保持载体的姿态不变将出现困难，运动规划的求解具有相当的难度，特别是当机器人臂为非冗余度时. Longman 等人提出的姿态控制方案计算维持机器人本体姿态不变所需要的动量[110]，并利用反作用轮提供这些动量. Vafa 和 Dubowsky 等人研究表明[42]，由于机器人和载体的运动耦合会对航天器载体的位置姿态产生影响，利用干扰图来表达机械臂运动对空间载体姿态的影响，通过规划机械臂的运动使控制载体姿态的喷气燃料消耗最小. Choset 等人分析了空间机器人系统的动力学耦合问题[111]，给出了系统运动耦合度评价指标，可用于对特定研究对象的系统耦合进行全运动空间分析或系统的结构优化设计. Lua 等人提出了利用机器人关节的周期运动改变载体姿态[112]，通过控制操作臂的运动，调节载体姿态的最优问题. Yamada 和 Yoshikawa 提出基于操作臂沿一闭合路径运动来实现载体姿态的变化的反馈控制方法[113]. Nakamura 和 Mukherjee 利用 Lyapunov 方法设计反馈控制提出了一种驱动操作臂关节同时控制载体姿态和机械臂关节角的非完整约束"双向"控制方法[114]. 刘延柱[115]等人针对文[114]控制方法不能达到某些给定的位形，提出了空间机械臂在臂端负载位形空间内的非完整运动路径规划问题. Umetani 和 Yashida 提出将机器人关节速度与机器人末端点速度联系起来[33]，在给定机器人末端点轨迹的情况下，可以通过广义 Jacobi 矩阵解出机器人各关节的速度值. Coverstone-Carroll 采用数值优化技术讨论了带机器人航天器系统的姿态优化控制问题[116]. Fernandes 等人将空间载体姿态的优化控制转化为非完整运动规划问题[44,45]，并设计了全局可控的姿态控制算法，提出一种数值算法求解空间机械臂系统的近似优化控制. Nakamura 和 Suzuki 提出自由飞行空间机器人螺旋运动路径规划方法[117]. 该方法将机器人末端效应器的轨迹分成若干部分,每一部分都通过关节的闭合路径来实现,这时机器人的末端将以螺旋曲线的方式沿给定的轨迹运动. 王景等人对双臂自由漂浮空间机器人系统提出利用内部运动的机器人本体姿态控制算法[118],赵晓东等人对空间机器人抓取运动目标体的问题[119],提出了基于轨迹规划的空间机器人路径规划方法.

近年来航天器和卫星控制系统研究取得进展,解决了若干重要的具有挑战性的课题,其中涉及有姿态跟踪、优化姿态机动和精确定位等等. 这些成果中大多航天器以完整激励为研究对象即要求航天器系统的激励与系统自由度数目相等. 但是最近也有一些研究和设计考虑欠驱动航天器控制系统的定位和跟踪问题. 航天器姿态控制通常采用三个独立的激励满足其性能要求. 即利用三个喷气推力或动量飞轮可以完全控制其姿态和任意定位. 当航天器某一动量飞轮发生故障或失效,这时依靠其余两个动量飞轮对所谓欠驱动航天器进行姿态控制. 因此,欠驱动航天器的姿态运动及控制是一个重要的研究课题. 目前航天器姿态控制利用两个控制激励的研究工作已经开展并得到了一些研究结果. Crouch 证明了航天器在各种动量飞轮或喷气推力激励下的可控性问题[120]. Aeyels 和 Krishnan 等研究了少于三个动量飞轮或喷气推力激励下航天器姿态运动方程的稳定性[121-123]. Krishnaprasad 利用微分几何方法提出多体航天器姿态改变的一般框架理论[124]. Walsh 研究了带有二个转子的航天器定位控制[125],提出利用系统内部运动操纵航天器从一个方位到另一方位的控制算法. Tsiotras 等讨论了由两个控制输入的航天器姿态运动规划和稳定性问题[126]. Bloch 等假设系统角动量为零的条件下给出了带有两个飞轮航天器几何状态表述[127]. Walsh 等使用 Lie 代数方法证明了系统可控性并给出相应的控制结构[128].

在多体航天器中,还有一种情况是具有链式结构的非完整约束系统. 这类问题的系统维数更高,控制更为复杂. 对这类非完整运动规划问题不少学者也作了很多有益的研究,提出一些解决问题的方法. Kane 等人最早就对猫下落过程中的非完整约束及动力学问题作了简单的探讨[129]，他们用非完整约束条件解释了为什么即使猫最初以仰着状态下落，最终也能四肢首先着地. Rui 等人利用关节角的周期运动改变载体姿态的思想[74]，研究了空间三连杆姿态运动规划问题. Fernandes 等提出一种变分优化算法（近似优化算法）[45]，利用最优化理论中的牛顿迭代方法，给出双刚体系统的优化输入和姿态运动轨迹. Reyhanoglu 等人采用输入参数化方法[130]，通过控制手臂关节角的运动调节空间三杆机器人（空间三连杆机构），得到了载体姿态和连杆关节角同时到达期望的位形的路径规划算法.

虽然人们对于非完整约束系统的运动规划和控制问题提出了不少方法，但这些方法仍然没有很好解决前述的几个困难. 大多数算法都是针对某一特殊或具体的情况而言，还没有针对一般情况的有效方法. 目前解决非完整问题的主要趋势是以几何控制方法和群论为主要的研究工具，也有些学者开始探讨使用智能控制方法解决此类问题.

4.5　本章小结

本章简要介绍了非完整约束和非完整控制系统以及非完整运动规划的一些背景知识，包括约束的分类、Pfaffian 约束、非完整控制系统的模型及其工程应用、非完整运动规划的一般方法和技术等. 简要阐述了非完整多体航天器姿态运动规划的研究进展和概况. 非完整运动控制与一般的完整约束或无约束的控制系统相比，非完整控制系统问题有着独特的性质，解决这类系统的方法也与其他系统的方法有所不同. 对于完整系统而言，可以从约束条件中直接解出若干个状态变量，可将原系统转化为无约束的较低维系统. 对于非完整系统，则只能转换为较低维的非完整系统. 一个非完整系统，不论是否引入控制，系统的运动都要满足非完整约束. 也就是说含有非完整约束的控制系统实现的运动一定满足非完整约束，这是因为非完整约

束已隐含在控制系统方程中. 因此,非完整控制系统不论是开环控制
(运动规划)还是闭环控制(反馈控制),不论是非完整控制系统的运
动学模型还是动力学模型都不满足精确线性化条件和不存在连续或
光滑的纯状态反馈实现系统的渐近稳定性.

第五章 非完整运动规划的最优控制方法

5.1 最优控制与最优化理论概述

现代控制理论以多变量控制、最优控制、最优估计和自适应控制为主要内容,其中最优控制是现代控制中发展较早的重要组成部分,它是现代控制理论和实践的一个研究热点和中心课题. 由最优控制理论知道,当历程给定时,系统的最优控制问题可以化为最优化问题的数学模型. 近年来,随着最优化理论的不断发展、完善和提高[131,132],最优化技术在最优控制理论与方法中已经得到了广泛的重视和取得了卓有成效的使用效果,并已成为最优控制理论与方法不可缺少的组成部分. 本节为研究非完整系统运动控制问题的引用方面,概述最优控制方法和最优化技术.

5.1.1 最优控制问题

最优控制问题的实质,就是确定给定系统的控制规律,致使系统在规定的性能指标(目标函数)下具有最优值(见图 5.1). 也就是说,最优控制就是要寻找容许的控制作用(规律),使动态系统(受控对象)从初始状态转移到某种要求的终端状态,且保证所规定的性能指标(目标函数)达到最大(小)值.

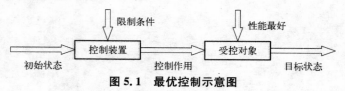

图 5.1 最优控制示意图

在状态空间中,要使系统的状态由初始状态 $x(t_0)$ 转移到终端(目标)状态 $x(t_f)$,可以用不同的控制规律来实现. 为了衡量控制系统在每一种控制规律作用下工作的优劣,就需要用一个性能指标来判断. 性能指标的内容与形式,主要取决于最优控制问题所要完成的任务. 因此,不同的最优控制问题应有不同的性能指标,而所采用的控制规律不同,系统的某种性能指标也有所不同,即性能指标是控制作用 $u(t)$ 的函数,可记为 $J[u(t)]$ 或 $J(u)$. 性能指标又称为性能泛函、目标函数、评价函数等.

一般而言,最优控制问题的性能指标通常有下列三种形式[133]:

(1) 积分型性能指标

$$J(u) = \int_{t_0}^{t_f} L[x(t), u(t), t] \mathrm{d}t \tag{5.1}$$

(2) 末值型性能指标

$$J(u) = \boldsymbol{\Phi}[x(t_f), t_f] \tag{5.2}$$

(3) 综合型性能指标

$$J = \boldsymbol{\Phi}[x(t_f), t_f] + \int_{t_0}^{t_f} L[x(t), u(t), t] \mathrm{d}t \tag{5.3}$$

在特殊的情况下,可采用如下的二次型性能指标[134]:

$$J(u) = \frac{1}{2} x^{\mathrm{T}}(t) F x(t) + \frac{1}{2} \int_{t_0}^{t_f} [x^{\mathrm{T}}(t) Q(t) x(t) + u^{\mathrm{T}}(t) R(t) u(t)] \mathrm{d}t \tag{5.4}$$

式中,F 为终端加权矩阵;$Q(t)$ 为状态加权矩阵;$R(t)$ 为控制加权矩阵.

综上所述,最优控制问题的一般提法如下:

(1) 给定系统的状态方程

$$\dot{x}(t) = f[x(t), u(t), t] \tag{5.5}$$

式中，$\boldsymbol{x}(t)$ 为 n 维状态向量；$\boldsymbol{u}(t)$ 为 m 维控制向量 $(m \leqslant n)$；$f[\boldsymbol{x}(t)$，$\boldsymbol{u}(t)$，$t]$ 为 n 维微分约束向量函数，且对 $\boldsymbol{x}(t)$，$\boldsymbol{u}(t)$，t 连续可微. 容许控制 $\boldsymbol{u}(t)$ 在 m 维向量空间 $\mathfrak{R}^m$ 的有界闭集 U 中取值，即

$$\boldsymbol{u}(t) \in U \subset \mathfrak{R}^m, t \in [t_0, t_f] \tag{5.6}$$

（2）给定初始条件

$$\boldsymbol{x}(t_0) = \boldsymbol{x}_0 \tag{5.7}$$

（3）明确终端条件

终端状态 $\boldsymbol{x}(t_f) = \boldsymbol{x}_f$ 满足目标集

$$\boldsymbol{S}: \boldsymbol{G}[\boldsymbol{x}_f, t_f] = 0 \tag{5.8}$$

式中，$\boldsymbol{G}[\boldsymbol{x}_f, t_f]$ 为 m 维向量值函数.

（4）给定性能指标

$$J = \boldsymbol{\Phi}[x_f, t_f] + \int_{t_0}^{t_f} \boldsymbol{L}[\boldsymbol{x}(t), \boldsymbol{u}(t), t] \mathrm{d}t \tag{5.9}$$

确定一个最优控制，使系统从初始状态 $\boldsymbol{x}_0$ 转移到终端状态 $\boldsymbol{x}_f$，并使性能指标 $J(\boldsymbol{u})$ 具有极大（小）值.

在讨论时间连续最优控制问题模型时，指标函数是定义于 U 上的泛函. 要用泛函分析作为工具去建立最优控制问题的模型，关键是选择合适的空间，即表示在该问题中作为变元的状态函数 $\boldsymbol{x}[t_0 \cdot t_f]$ 与控制函数 $\boldsymbol{u}[t_0 \cdot t_f]$ 组成的集. 在泛函分析可供选择的空间种类繁多，各有不同的普遍性和特殊适用性. 例如，线性空间、拓扑空间、度量空间、赋范线性空间、希尔伯特空间、巴拿赫空间等. 一般说来，在比较普遍的空间上建立问题的模型，能够得到的有关感兴趣的问题的分析性质也就较弱或较少；另一方面，如果在过于特殊的空间上建立问题的模型，又必须对问题加上一些原来并非必要的额外限制，这样将限制了问题模型的可应用的范围. 因此，在选择作为所研究问题的模型框架的基本空间时，可根据问题的提法与要求，就上述两方面

的考虑进行权衡. 例如,赋范线性空间是具有元素的代数运算和空间的拓扑结构的比较普遍的空间,但它不一定具有完备性,因之有些实数集上分析运算的重要性质在此空间上不再成立. 又如,希尔伯特空间引入了欧几里得空间正交的概念,这一概念所赋予希尔伯特空间的几何性质使它极适于处理有如点到集的距离这样的极小值问题. 但是,由于要求引入元素的内积概念以及与之相关的范数意义下的完备性,却又要求作为元素的函数满足较强的条件.

最优控制问题的泛函极值模型一般建立在两种泛函空间上[131],一种建立在巴拿赫空间的基础上,它适用于进行问题的最优性条件的理论研究;另一种建立在希尔伯特空间的基础上,它适用于进行问题的数值解法的研究. 在下一节中讨论非完整系统的最优控制问题将在后一种空间上建立问题的泛函极值模型.

5.1.2 最优化方法

最优化技术是研究和解决最优化问题的一门学科[135,136],它研究和解决如何从一切可能的方案中寻找最优的方案. 也就是说,最优化技术是研究和解决如何将最优化问题表示为数学模型以及如何根据数学模型尽快求出最优解的两大问题. 一般而言,用最优化方法解决实际工程问题可分为三步进行:

(1) 根据所提出的最优化问题,建立最优化问题的数学模型,确定变量,列出约束条件和目标函数;

(2) 对所建立的模型进行具体分析和研究,选择合适的最优化求解方法;

(3) 根据最优化方法的算法列出程序框图和编写程序,用计算机求出最优解,并对算法的收敛性、通用性、计算效率及误差等作出评价.

由此可见,最优化方法是采用计算机进行寻优的方法. 因此,计算机的飞速发展和广泛应用,将会促进最优化技术的发展、应用和提高,为求解高维的、多变量的大规模最优化问题创造了有利的条件.

最优化问题的数学描述,应包括以下几方面的内容:

(1) 受控动态系统的数学模型,即受控系统动力学特性的系统状态方程,它反映了动态系统在运动过程中所应遵循的物理或力学规律.

一般而言,受控动态系统的状态方程表达式为

$$\dot{x}(t) = f[x(t), u(t), t] \tag{5.10}$$

式中 $x(t)$ 为状态向量,$u(t)$ 为控制向量,t 为时间,且 $t \in [t_0, t_f]$.

(2) 动态系统的初态和终态,即状态方程的边界条件. 一个动态过程,归根到底是状态空间中从一个状态转移到另一个状态. 一般而言,在最优化问题中,在 $t = t_0$ 时的初态通常是已知的,即 $x(t_0) = x_0$,而终端时刻 t_f 和终端状态 x_f 则因问题的不同而异.

(3) 目标函数是一个衡量"控制作用"效果的性能指标. 为了实现动态过程中状态从初态 x_0 转移到终态 x_f,可以通过不同的控制来完成,而各种控制效果的好坏,可通过能否达到所规定的目标函数来判别. 对于最优化问题的目标函数,其内容与形式主要取决于具体最优化问题所要解决的主要矛盾.

(4) 容许控制的集合. 每一个实际的控制问题,控制向量 $u(t)$ 都有一个规定的取值范围,这个取值范围对应于 m 维控制空间 $\Re^m$ 中的一个集合 Ω,而 $u(t)$ 的每一个取值对应于集合 Ω 中的一个元素. 凡属于集合 Ω 的控制称为容许控制.

最优化问题的数学模型建立后,主要问题是如何通过不同的求解方法解决寻优问题. 一般而言,最优化问题的求解方法大致可分成四类:

① 间接法(又称解析法) 对于目标函数及约束条件具有简单而明确的数学解析表达式的最优化问题,通常可采用间接法(解析法)来解决,其求解方法是先按照函数极值的必要条件,用数学分析方法(一般用求导数方法或变分方法)求出其解析解,然后按照充分条件或问题的实际物理意义间接地确定最优解.

② 直接法(数值解法)　对于目标函数较为复杂或无明确的数学表达式或无法用解析法求解的最优化问题,通常可采用直接法(数值解法)来解决. 直接法的基本思想,就是用直接搜索方法经过一系列的迭代以产生点的序列,使之逐步接近到最优点.

③ 以解析法为基础的数值解法　这类方法是以梯度法为基础的一种直接法,它是一种解析与数值计算相结合的方法.

④ 网络最优化方法　这种方法是以网络图作为数学模型,用图论方法进行搜索的寻优方法.

在后面非完整运动规划计算中主要侧重于一般非线性规划的计算方法,它也是一般数学规划计算方法常见的内容. 目前,习惯上把非线性规划的计算方法分成四类:

① 对非线性规划不预先做转换的分析方法,如综合梯度法、鞍点迭代法、梯度投影法、容许方向法、简约梯度法等.

② 对非线性规划不预先做转换的直接方法,如格点法、复合形法、随机试验法等.

③ 用线性规划或二次规划逐步逼近的方法.

④ 把非线性规划问题转换成无约束极值问题,通过解一系列无约束极值问题求解非线性规划的方法.

5.2　非完整运动规划的优化算法

本节研究非完整系统特别是无漂移系统的最优控制技术问题. Brockett[137]最早系统地研究了无漂移非完整系统的最优控制问题,用控制目标函数构造拉格朗日函数及拉格朗日方程,分别得到最优输入为正弦函数和椭圆函数的结论. Murray 和 Sastry[82]利用 Brockett 的一些成果将正弦输入用于非完整链式系统的控制. 受 Brockett 在非完整系统最优控制方面所得结果的启发,采用以 Fourier 基函数作为控制输入以操纵非完整系统从一初始状态转移到终端状态. 首先简要概述 Brockett 用正弦函数控制非完整系统的工作. 然后用最优化方法给出非完整系统的最优控制数值方法.

5.2.1 非完整控制系统的正弦控制

非完整控制系统一般可表示为如下形式

$$\dot{\boldsymbol{q}} = \boldsymbol{g}_1(\boldsymbol{q})u_1 + \cdots + \boldsymbol{g}_m(\boldsymbol{q})u_m \tag{5.11}$$

其中 $\boldsymbol{q} \in \Re^n$, $\boldsymbol{u} \in \Re^m$, $\boldsymbol{g}_i(\boldsymbol{q})$, $i = 1, \cdots, m$ 及其一阶李括号 $[\boldsymbol{g}_j,$ $\boldsymbol{g}_k]$, $j < k$, $k = 1, \cdots, m$ 是线性独立的. 式(5.11)为无漂移系统, 即当控制变量设为零时, 系统始终保持在初始点, 即系统的状态不发生漂移. 讨论 $m = 2$ 和 $n = m + m(m-1)/2 = 3$ 的情况

$$\dot{q}_1 = u_1, \ \dot{q}_2 = u_2, \ \dot{q}_3 = q_1 u_2 - q_2 u_1 \tag{5.12}$$

对于该系统, 有

$$\boldsymbol{g}_1 = \begin{bmatrix} 1 \\ 0 \\ -q_2 \end{bmatrix} \quad \boldsymbol{g}_2 = \begin{bmatrix} 0 \\ 1 \\ q_1 \end{bmatrix} \quad [\boldsymbol{g}_1, \boldsymbol{g}_2] = \begin{bmatrix} 0 \\ 0 \\ 2 \end{bmatrix}$$

考虑由式(5.12)表示的系统从 $t = 0$ 时的 $\boldsymbol{q}_0 \in \Re^3$ 到 $t = 1$ 时的 $\boldsymbol{q}_f \in \Re^3$ 的控制问题. 为此, 只要使控制输入的目标函数

$$\int_0^1 \| \boldsymbol{u} \|^2 \mathrm{d}t$$

达到最小即可. 式(5.12)中的最后一式等价于如下约束

$$\dot{q}_3 = q_1 \dot{q}_2 - q_2 \dot{q}_1$$

为求 $\dot{q}_1^2 + \dot{q}_2^2$ 的最小值, 利用带约束的拉格朗日乘子 $\lambda(t)$ 法, 可将拉格朗日函数扩展为

$$L(\boldsymbol{q}, \dot{\boldsymbol{q}}) = (\dot{q}_1^2 + \dot{q}_2^2) + \lambda(\dot{q}_3 - q_1 \dot{q}_2 + q_2 \dot{q}_1)$$

求有约束拉格朗日函数最小的方法, 就是针对以拉格朗日乘子为约束的控制系统, 对上述拉格朗日函数 $L(\boldsymbol{q}, \dot{\boldsymbol{q}})$ 进行一般的变分计

算. 使最优控制问题对应的拉格朗日函数最小的拉格朗日方程为

$$\frac{d}{dt}\left[\frac{\partial L(\boldsymbol{q}, \dot{\boldsymbol{q}})}{\partial \dot{q}_i}\right] - \frac{\partial L(\boldsymbol{q}, \dot{\boldsymbol{q}})}{\partial q_i} = 0$$

其具体形式为

$$\ddot{q}_1 + \lambda \dot{q}_2 = 0, \quad \ddot{q}_2 - \lambda \dot{q}_1 = 0, \quad \dot{\lambda} = 0 \tag{5.13}$$

式(5.13)表示 $\lambda(t)$ 是常数,而且事实上最优输入满足方程

$$\begin{bmatrix} \dot{u}_1 \\ \dot{u}_2 \end{bmatrix} = \begin{bmatrix} 0 & -\lambda \\ \lambda & 0 \end{bmatrix} \begin{bmatrix} u_1 \\ u_2 \end{bmatrix} = \boldsymbol{\Lambda} \begin{bmatrix} u_1 \\ u_2 \end{bmatrix}$$

注意矩阵 $\boldsymbol{\Lambda}$ 是关于 λ 的反对称矩阵,因此,最优输入是以频率 λ 表示的正弦函数,即

$$\begin{bmatrix} u_1(t) \\ u_2(t) \end{bmatrix} = \begin{bmatrix} \cos\lambda t & -\sin\lambda t \\ \sin\lambda t & \cos\lambda t \end{bmatrix} \begin{bmatrix} u_1(0) \\ u_2(0) \end{bmatrix} = e^{\boldsymbol{\Lambda} t} \boldsymbol{u}(0)$$

由此得到了最优控制的函数表达式,当给定 $\boldsymbol{q}_0$ 和 $\boldsymbol{q}_f$ 值时,就可解得最优控制系统的 $\boldsymbol{u}(0)$ 和 λ. 但由控制系统式(5.12)的形式可知,状态 q_1 和 q_2 可以直接得到控制. 例如,从 $\boldsymbol{q}(0) = (0, 0, 0)$ 至 $\boldsymbol{q}(1) = (0, 0, a)$ 的控制,通过对 q_1 和 q_2 直接积分,可得

$$\begin{bmatrix} q_1(t) \\ q_2(t) \end{bmatrix} = (e^{\boldsymbol{\Lambda} t} - I)\boldsymbol{\Lambda}^{-1}\boldsymbol{u}(0)$$

由于 $q_1(1) = q_2(1) = 0$,所以 $e^{\boldsymbol{\Lambda}} = \boldsymbol{I}$, $\lambda = 2n\pi$, $n = 0, \pm1, \pm2, \cdots$,对 $\dot{q}_3$ 积分得

$$q_3(1) = \int_0^1 (q_1 u_2 - q_2 u_1)dt = -\frac{1}{\lambda}[u_1^2(0) + u_2^2(0)] = a$$

且目标函数为

$$\int_0^1 \|\boldsymbol{u}\|^2 dt = \|\boldsymbol{u}(0)\|^2 = -\lambda a$$

由于 $\lambda = 2n\pi$，因此当 $n = -1$ 时，即得到目标函数的最小值，即 $\|\boldsymbol{u}(0)\|^2 = 2\pi a$. 但除其大小外，$\boldsymbol{u}(0) \in \Re^2$ 的方向则是任意的. 因此，控制系统从点 $(0, 0, 0)$ 运动到点 $(0, 0, a)$ 的最优输入是频率为 2π（对于一般情况，如果控制时间周期为 T，则频率为 $\dfrac{2\pi}{T}$）的正弦和余弦之和.

当系统有 m 个输入时，式(5.12)可推广为

$$\begin{aligned} \dot{q}_i &= u_i & i = 1, \cdots, m \\ \dot{q}_{ij} &= q_i u_j - q_j u_i & i < j = 1, \cdots, m \end{aligned} \qquad (5.14)$$

通过引进反对称矩阵 $\boldsymbol{Y} \in so(m)$，将式(5.14)写成更一般的在 $\Re^m \times so(m)$ 中定义的控制系统

$$\begin{aligned} \dot{\boldsymbol{q}} &= \boldsymbol{u} \\ \dot{\boldsymbol{Y}} &= \boldsymbol{q}\boldsymbol{u}^\mathrm{T} - \boldsymbol{u}\boldsymbol{q}^\mathrm{T} \end{aligned} \qquad (5.15)$$

该系统的拉格朗日方程是两个输入情况的扩展，亦即

$$\ddot{\boldsymbol{q}} - \boldsymbol{\Lambda}\dot{\boldsymbol{q}} = 0 \quad \dot{\boldsymbol{\Lambda}} = 0$$

式中 $\boldsymbol{\Lambda} \in so(m)$ 是与 $\boldsymbol{Y}$ 有关的拉格朗日乘子的反对称矩阵. 与前类似，$\boldsymbol{\Lambda}$ 是定常矩阵，且最优输入满足

$$\ddot{\boldsymbol{u}} = \boldsymbol{\Lambda}\boldsymbol{u}$$

其解为

$$\boldsymbol{u}(t) = \mathrm{e}^{\boldsymbol{\Lambda} t}\boldsymbol{u}(0)$$

由此得 $\mathrm{e}^{\boldsymbol{\Lambda} t} \in SO(m)$. 当 $\boldsymbol{q}(0) = \boldsymbol{q}(1) = 0$，$\boldsymbol{Y}(0) = 0$，$\boldsymbol{Y}(1)$ 为 $so(m)$ 内的给定矩阵时，输入特性的确定就有特别意义. Brockett 已证明当 m 为偶数且 $\boldsymbol{Y}$ 为非奇异时[137]，控制输入就是 2π，$2\times 2\pi$，$\cdots$，$m/2 \times 2\pi$ 的 $m/2$ 个正弦函数；而当 m 为奇数时，则 $\boldsymbol{Y}$ 必奇异，但如果 $\boldsymbol{Y}$ 的秩为 $m-1$，那么输入就是频率为 2π，$2 \cdot 2\pi$，$\cdots$，$(m-1)/2 \cdot 2\pi$ 的

$(m-1)/2$ 个正弦函数. 根据上面的结论, 可得式(5.14)系统的下列控制算法[138].

(1) 用任意输入控制 q_i 至其期望值, 且不考虑 q_{ij} 的变化.

(2) 以频率表示的正弦函数求 u_0, 使得输入能控制 q_{ij} 至期望值. 通过输入的选择, 可使 q_i 保持不变.

该算法是逐步控制系统的状态的, 首先控制可被直接控制(阶)状态, 然后控制一阶李括号方向.

5.2.2 非完整系统最优控制

对于式(5.11)非完整系统给定 $\boldsymbol{q}_0$ 和 $\boldsymbol{q}_f$, 讨论求解从 $\boldsymbol{q}_0$ 运动到 $\boldsymbol{q}_f$ 的最优激励控制问题, 要求使得如下目标函数最小

$$J(\boldsymbol{u}) = \frac{1}{2}\int_0^1 \|\boldsymbol{u}(t)\|^2 \mathrm{d}t \qquad (5.16)$$

假设该控制问题有解(根据 chow[38], 当由 $\boldsymbol{g}_1, \cdots, \boldsymbol{g}_m$ 生成的可控性李代数对所有的 $\boldsymbol{q}$ 都有秩 n 时, 可保证此问题有解, 即系统可从任意初始点运动到任意终点), 现用最优控制方法讨论该问题的解. 引入拉格朗日乘子函数 $\boldsymbol{\lambda}(t)$, 将约束与目标函数加以组合, 定义

$$J(\boldsymbol{q}, \boldsymbol{\lambda}, \boldsymbol{u}) = \int_0^1 \left\{ \frac{1}{2}\boldsymbol{u}^{\mathrm{T}}(t)\boldsymbol{u}(t) - \boldsymbol{\lambda}^{\mathrm{T}}\left[\dot{\boldsymbol{q}} - \sum_{i=1}^m \boldsymbol{g}_i(\boldsymbol{q})\boldsymbol{u}_i\right] \right\} \mathrm{d}t$$
$$(5.17)$$

引入哈密顿函数

$$H(\boldsymbol{q}, \boldsymbol{\lambda}, \boldsymbol{u}) = \frac{1}{2}\boldsymbol{u}^{\mathrm{T}}\boldsymbol{u} + \boldsymbol{\lambda}^{\mathrm{T}}\sum_{i=1}^m \boldsymbol{g}_i(\boldsymbol{q})\boldsymbol{u}_i \qquad (5.18)$$

对式(5.17)的第二项进行分部积分, 得到

$$J(\boldsymbol{q}, \boldsymbol{\lambda}, \boldsymbol{u}) = -\boldsymbol{\lambda}^{\mathrm{T}}(t)\boldsymbol{q}(t)\big|_0^1 + \int_0^1 [H(\boldsymbol{q}, \boldsymbol{\lambda}, \boldsymbol{u}) + \dot{\boldsymbol{\lambda}}^{\mathrm{T}}\delta\boldsymbol{q}]\mathrm{d}t$$

考虑由控制输入 $\boldsymbol{u}$ 的变分而产生的 J 的变分

$$\delta J = -\boldsymbol{\lambda}^{\mathrm{T}}(t)\delta\boldsymbol{q}(t)\big|_0^1 + \int_0^1\Big(\frac{\partial H}{\partial\boldsymbol{q}}\delta\boldsymbol{q} + \frac{\partial H}{\partial\boldsymbol{u}}\delta\boldsymbol{u} + \dot{\boldsymbol{\lambda}}^{\mathrm{T}}\delta\boldsymbol{q}\Big)\mathrm{d}t$$

由最优控制理论知[139]，最优输入存在的必要条件就是对所有变分 $\delta\boldsymbol{u}$ 和 $\delta\boldsymbol{q}$ 为零，即

$$\frac{\partial H}{\partial\boldsymbol{u}} = 0 \quad \dot{\boldsymbol{\lambda}} = -\frac{\partial H}{\partial\boldsymbol{q}} \tag{5.19}$$

由第一式得最优控制输入为

$$u_i = -\boldsymbol{\lambda}^{\mathrm{T}}\boldsymbol{g}_i(\boldsymbol{q}), \ i = 1, \cdots, m \tag{5.20}$$

将式(5.20)代入式(5.18)得最优哈密顿函数

$$H^*(\boldsymbol{q}, \boldsymbol{\lambda}) = -\frac{1}{2}\sum_{i=1}^m\big[\boldsymbol{\lambda}^{\mathrm{T}}\boldsymbol{g}_i(\boldsymbol{q})\big]^2 \tag{5.21}$$

因此，最优控制系统满足哈密顿方程

$$\dot{\boldsymbol{q}} = \frac{\partial H^*}{\partial\boldsymbol{\lambda}}(\boldsymbol{q}, \boldsymbol{\lambda}) \quad \dot{\boldsymbol{\lambda}} = -\frac{\partial H^*}{\partial\boldsymbol{q}}(\boldsymbol{q}, \boldsymbol{\lambda}) \tag{5.22}$$

其中边界条件满足：$\boldsymbol{q}(0) = \boldsymbol{q}_0$ 和 $\boldsymbol{q}(1) = \boldsymbol{q}_f$. 运用这个结果，可导出有关最优控制结构的一些性质，如最优控制的定常范数等. 以上讨论给出了最优控制的形式及特性，但要获得将系统从初始点驱动到终点的最优控制问题的解是很困难的. 下面利用 Ritz 近似方法给出一种最优控制的数值方法[44,140].

将式(5.11)写成如下形式

$$\dot{\boldsymbol{q}} = \boldsymbol{G}(\boldsymbol{q})\boldsymbol{u} \tag{5.23}$$

其中 $\boldsymbol{G}(\boldsymbol{q})$ 是由矢量场 $\boldsymbol{g}_i(\boldsymbol{q})$, $i = 1, \cdots, m$ 构成的 $n\times m$ 矩阵. 由可控性秩条件可知，如果 $\boldsymbol{G}(\boldsymbol{q})$ 的列向量构成李代数的秩为 n，则系统为可控的. 设存在优化解 $\boldsymbol{u}^* \in L^2([0, T])$，其中 $L^2([0, T])$ ([0, T]

上平方可积函数的集合)是由定义在区间$[0，T]$内的可测向量函数 $u(t)$ 构成的 Hilbert 空间. 根据式(5.16)，目标函数定义为

$$J(u) = \int_0^T <u，u> dt \tag{5.24}$$

对 Hilbert 空间中的规范正交基底$\{e_n\}$，H 中的每一元素 u 都可展开成$\{e_n\}$的 Fourier 级数

$$u = \sum_{i=1}^{\infty} \alpha_i e_i \tag{5.25}$$

实际计算中，取其有限维求得问题的近似解. 如取前 N 项，即有

$$u = \sum_{i=1}^{N} \alpha_i e_i = \Phi\alpha \tag{5.26}$$

其中 Φ 为 Fourier 基函数构成的矩阵，$\alpha = (\alpha_1，\alpha_2，\cdots，\alpha_n)^T$ 为函数 u 在 Fourier 基函数上的投影. 将 α 视作新的控制变量，引入罚函数方法[135]，目标函数 $J(u)$ 可写为

$$J(\alpha，\lambda) = \sum_{i=1}^{m} \|\alpha_i\|^2 + \lambda \|q(T) - q_f\|^2 \tag{5.27}$$

其中 $\lambda > 0$ 为罚因子. 当 λ 较大时，表示目标函数为抵达终点的权重较大. 可以证明[141]，当 N、$\lambda \to \infty$ 时，上述有限维问题的近似优化解收敛于无穷维的优化解. 对 $\alpha \in \Re^n$，$f(\alpha)$ 为方程(5.23)由控制输入 u 给定在 $t = T$ 时的解. 因此寻找控制输入 u 使式(5.24)为极小值的问题转化为寻找 α 使目标函数(5.27)为极小值的问题. 利用泰勒级数展开，并取二阶近似，得到

$$J(\alpha_n + \delta) = J(\alpha_n) + \langle \partial J/\partial\alpha_n，\delta\rangle +$$

$$\frac{1}{2}\langle \partial^2 J/\partial\alpha_n^2\delta，\delta\rangle + O(\|\delta\|^3) \tag{5.28}$$

令 $\partial J(\alpha_n + \delta)/\partial\delta = 0$，由式(5.28)得到牛顿法迭代公式

$$\alpha_{n+1} = \alpha_n - (\partial^2 J/\partial\alpha_n^2)^{-1}\partial J/\partial\alpha_n \tag{5.29}$$

其中

$$\partial J/\partial\alpha_n = 2[\alpha_n + \boldsymbol{\lambda}\boldsymbol{A}^{\mathrm{T}}(f(\alpha_n) - \boldsymbol{q}_f)]$$

$$\partial^2 J/\partial\alpha_n^2 = 2\Big[\boldsymbol{I} + \boldsymbol{\lambda}\boldsymbol{A}^{\mathrm{T}}\boldsymbol{A} + \boldsymbol{\lambda}\sum_{i=1}^{N}(f(\alpha_n) - \boldsymbol{q}_{fi})\boldsymbol{H}_i\Big]$$

式中 $\boldsymbol{A} = \partial f/\partial\alpha$ 为 f 的雅可比矩阵，$\boldsymbol{H}_i$ 为 f 的分量 f_i 的 Hesse 矩阵，$\boldsymbol{I}$ 为单位阵. 由于 $(\boldsymbol{I}+\boldsymbol{\lambda}\boldsymbol{A}^{\mathrm{T}}\boldsymbol{A})$ 为正定的，式(5.29)可用改进的牛顿法，即高斯-牛顿迭代公式表示

$$\alpha_{n+1} = \alpha_n - \sigma[\gamma\boldsymbol{I} + \boldsymbol{A}^{\mathrm{T}}\boldsymbol{A}]^{-1}[\gamma\alpha_n + \boldsymbol{A}^{\mathrm{T}}(f(\alpha_n) - \boldsymbol{q}_f)] \tag{5.30}$$

式中 σ 为步长因子，$0<\sigma<1$，$\gamma=1/\lambda$. 在迭代公式中只要得到函数 $f(\alpha_n)$ 及其雅可比矩阵 $\boldsymbol{A} = \partial f/\partial\alpha_n$ 即可迭代求解 α_n. 显然式(5.30)中 $\boldsymbol{A}$ 为矩阵函数 $\boldsymbol{Y}$ 在 $t = T$ 时的值，$\boldsymbol{Y}$ 定义为

$$\boldsymbol{Y}(t) = \frac{\partial\boldsymbol{q}(t)}{\partial\boldsymbol{\alpha}}, \ \boldsymbol{Y}(0) = \lim_{t\to 0}\boldsymbol{Y}(t) = 0 \tag{5.31}$$

对 $\boldsymbol{Y}(T)$ 微分可得

$$\dot{\boldsymbol{Y}} = \frac{\mathrm{d}}{\mathrm{d}t}\frac{\partial\boldsymbol{q}}{\partial\boldsymbol{\alpha}} = \frac{\partial\dot{\boldsymbol{q}}}{\partial\boldsymbol{\alpha}} = \frac{\partial}{\partial\boldsymbol{\alpha}}\Big(\sum_{i=1}^{n}\boldsymbol{G}_i u_i\Big) = \Big(\sum_{i=1}^{n}\frac{\partial\boldsymbol{G}_i}{\partial\boldsymbol{q}}\boldsymbol{\Phi}_i\alpha\Big)\boldsymbol{Y} + \boldsymbol{G}\boldsymbol{\Phi} \tag{5.32}$$

因此对下列微分方程从 0 到 T 数值积分

$$\dot{\boldsymbol{q}} = \boldsymbol{G}(\boldsymbol{q})\boldsymbol{\Phi}\alpha_n, \qquad \boldsymbol{q}(0) = \boldsymbol{q}_0$$

$$\dot{\boldsymbol{Y}} = \Big(\sum_{i=1}^{n}\frac{\partial\boldsymbol{G}_i}{\partial\boldsymbol{q}}\boldsymbol{\Phi}_i\alpha\Big)\boldsymbol{Y} + \boldsymbol{G}(\boldsymbol{q})\boldsymbol{\Phi}, \ \boldsymbol{Y}(0) = 0 \tag{5.33}$$

并设 $f(\alpha_n) = \boldsymbol{q}(T)$，$\boldsymbol{A} = \boldsymbol{Y}(T)$ 代入式(5.30)迭代即可求得解 α，再利用式(5.26)确定系统的输入 $\boldsymbol{u}(t)$，从而得到系统状态变量的优化轨迹.

基于高斯-牛顿迭代的非完整运动规划算法如下：

步骤 1　建立非完整系统控制方程 $\dot{q} = G(q)u$，确定系统状态矩阵 $G(q) \in \Re^{n \times m}$；

步骤 2　给定初始和末端位形 q_0，$q_f \in \Re^n$；

步骤 3　选择 Fourier 基向量，以构造式(5.25)中 Φ 矩阵；

步骤 4　给定 $\alpha_0 \neq 0$ 的初值，选择 $\gamma > 0$ 和 $\sigma > 0$ 的值；

步骤 5　求解方程组(5.33)；

步骤 6　令 $f(\alpha_i) = q(T)$，$A = Y(T)$；

步骤 7　根据迭代公式(5.30)计算 α_n；

步骤 8　检验 $q(T)$ 和 $J(\alpha_i)$ 的值，满足条件则结束，否则返回步骤4.

5.3　带附件航天器系统模型

5.3.1　带有两个动量飞轮刚体航天器模型

带有两个动量飞轮的刚体航天器系统在无外力矩作用情况下，动力学方程可由角动量守恒原理导出. 航天器姿态控制问题可以转化为非完整系统的运动规划问题. 由于动量飞轮的转动通过非完整约束关系引起航天器载体姿态运动，这种运动也称为内运动[11].

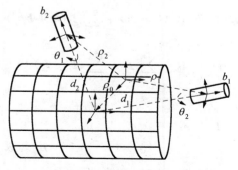

图 5.2　带有两个动量飞轮的刚体航天器系

  设航天器系统由载体 B_0 和两个对称分布动量飞轮 $B_i(i=1,2)$ 组成(见图 5.2). 以系统总质心 O 为原点建立相对惯性空间平动的坐标系$(O-XYZ)$, 设$(O_i-x_iy_iz_i)(i=0,1,2)$分别为航天器载体 B_0 和动量飞轮 $B_i(i=1,2)$ 的主轴连体坐标系, 相对于$(O-XYZ)$的坐标变换矩阵为 $\boldsymbol{R}(\theta,\psi,\varphi)$, 其中 θ,ψ 和 φ 为卡尔丹角. 航天器载体和两个飞轮的质量及惯量张量分别为 m_0,m_1,m_2 和 I_0,I_1,I_2. 各连体坐标系原点 $O_i(i=0,1,2)$ 相对系统总质心 O 的矢径为 $\boldsymbol{\rho}_i(i=0,1,2)$, 飞轮 B_i 质心 O_1 和 O_2 到航天器载体质心 O_0 距离分别为 d_1 和 d_2. 飞轮 $B_i(i=1,2)$ 相对于系统总质心的位置可写为

$$\boldsymbol{\rho}_1 = \boldsymbol{\rho}_0 + d_1\boldsymbol{b}_1,\ \boldsymbol{\rho}_2 = \boldsymbol{\rho}_0 + d_2\boldsymbol{b}_2 \tag{5.34}$$

其中 $\boldsymbol{b}_1$ 和 $\boldsymbol{b}_2$ 分别为飞轮 1 和 2 旋转轴的单位基矢量, 并且两飞轮旋转轴的基矢量均位于航天器的主轴平面内而垂直于航天器另一主轴. $\boldsymbol{b}_1$ 和 $\boldsymbol{b}_2$ 的一般表达式为

$$\boldsymbol{b}_1 = (b_{1x},b_{1y},0)^{\mathrm{T}},\ \boldsymbol{b}_2 = (b_{2x},b_{2y},0)^{\mathrm{T}} \tag{5.35}$$

由系统质心定义可分别求出矢径 $\boldsymbol{\rho}_i = (\rho_{ix},\rho_{iy},0)^{\mathrm{T}}(i=0,1,2)$. 设 $\boldsymbol{\omega}$ 为航天器的绝对角速度矢量, 则航天器系统相对 O_0 点的动量矩写作为

$$\boldsymbol{R}(\theta,\psi,\varphi)H = \boldsymbol{J\omega} + \sum_{i=1}^{2}\underline{\boldsymbol{I}}_i(\boldsymbol{\omega}+\boldsymbol{b}_i\dot{\theta}_i) \tag{5.36}$$

式中
$$\boldsymbol{J} = \left[\boldsymbol{I}_0 + \sum_{i=0}^{2}\overline{\boldsymbol{I}}_i + \sum_{i=1}^{2}(\boldsymbol{I}_i - \underline{\boldsymbol{I}}_i)\right]$$

$$\overline{\boldsymbol{I}}_i = m_i\begin{bmatrix} \rho_{1y}^2 & -\rho_{ix}\rho_{iy} & 0 \\ -\rho_{ix}\rho_{iy} & \rho_{ix}^2 & 0 \\ 0 & 0 & \rho_{1x}^2 + \rho_{1y}^2 \end{bmatrix}$$

$$\underline{\boldsymbol{I}}_i = \boldsymbol{b}_i\boldsymbol{b}_i^{\mathrm{T}}j_i$$

其中 $\theta_i(i=1,2)$ 分别为飞轮 B_i 绕 $\boldsymbol{b}_i$ 轴的转动角,$j_i(i=1,2)$ 分别为动量飞轮 B_i 相对于 $\boldsymbol{b}_i$ 轴的惯量矩.设航天器系统起始动量矩 H 为零,式(5.36)可表示为如下形式

$$\boldsymbol{\omega} = -\left(J + \sum_{i=1}^{2} \underline{\boldsymbol{I}}_i\right)^{-1} \sum_{i=1}^{2} \boldsymbol{b}_i \dot{\theta}_i \qquad (5.37)$$

航天器绕 O 点转动的角速度 $\boldsymbol{\omega}$ 相对载体坐标系$(O_0 - x_0 y_0 z_0)$各轴的投影 ω_x,ω_y,ω_z 可用卡尔丹角及导数表示为[142]

$$\boldsymbol{\omega} = \boldsymbol{L}\dot{\boldsymbol{q}} = \begin{bmatrix} \cos\psi\cos\varphi & \sin\varphi & 0 \\ -\cos\psi\sin\varphi & \cos\varphi & 0 \\ \sin\psi & 0 & 1 \end{bmatrix} \begin{bmatrix} \dot{\theta} \\ \dot{\psi} \\ \dot{\varphi} \end{bmatrix} \qquad (5.38)$$

将式(5.38)代入式(5.37)得到

$$\dot{\boldsymbol{q}} = -\boldsymbol{L}^{-1}\left(J + \sum_{i=1}^{2} \underline{\boldsymbol{I}}_i\right)^{-1} \sum_{i=1}^{2} \boldsymbol{b}_i \dot{\theta}_i \qquad (5.39)$$

由系统动量矩守恒导出的方程(5.39)为不可积形式,即带有个两动量飞轮航天器系统在初始角动量为零时,系统具有不可积的角速度约束或称为非完整约束.

由于受控变量是两飞轮的转动角,所以可将动量飞轮 $B_i(i=1,2)$ 相对转动角速度 $\dot{\theta}_i(i=1,2)$ 取作控制输入,记作 $\boldsymbol{u} = (\dot{\theta}_1, \dot{\theta}_2)^{\mathrm{T}}$.设航天器载体姿态角 $\boldsymbol{q} = (\theta, \psi, \varphi)^{\mathrm{T}}$ 为状态变量,则相应的控制系统为

$$\dot{\boldsymbol{q}} = \boldsymbol{G}(\boldsymbol{q})\boldsymbol{u} \qquad (5.40)$$

式中

$$\boldsymbol{G}(\boldsymbol{q}) = -\boldsymbol{L}^{-1}\left(J + \sum_{i=1}^{2} \underline{\boldsymbol{I}}_i\right)^{-1} \sum_{i=1}^{2} \boldsymbol{b}_i$$

5.3.2 带太阳帆板航天器模型[1, 142]

带太阳帆板航天器具有典型的多体链式结构,考虑由主体 B_1

和单侧 $n-1$ 个附件 $B_i(i = 2，\cdots，n)$ 以 $n-1$ 个圆柱铰 $O'_j(j = 2，\cdots，n)$ 联结的链结构 n 体航天器的平面运动(见图 5.3). 设主体 B_1 在质心 O_1 处以虚铰 O'_1 与平动坐标系 B_0 联系. 从 B_i 的内接铰 O'_i 至外接铰 O'_{i+1} 作坐标轴 x_i，其基矢量记作 $e_i(i = 1，\cdots，n)$，各 x_i 轴均经过质心其基矢量记作 $e_i(i = 1，\cdots，n)$，各 x_i 轴均经过质心 O_i. 各圆柱铰 $O'_j(j = 2，\cdots，n)$ 的转轴 p_j 互相平行且与 e_i 正交，各刚体均沿 $x_i(i = 1，\cdots，n)$ 轴组成的平面作平面运动. 设各分体 $B_i(i = 2，\cdots，n)$ 的内接铰 O'_i 至外接铰 O'_{i+1} 的距离为 $l_i(i = 2，\cdots，n)$，质心 O_i 至内接铰 O'_i 的距离为 $c_i(i = 1，\cdots，n)$，其中 $c_1 = 0$.

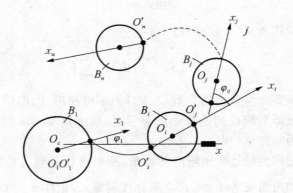

图 5.3 链结构多体航天器增广体模型

列出系统的通路矢量矩阵和 $\boldsymbol{\mu}$ 矩阵[1]

$$\boldsymbol{d} = \begin{bmatrix} c_1\boldsymbol{e}_1 & l_1\boldsymbol{e}_1 & l_1\boldsymbol{e}_1 & \cdots & l_1\boldsymbol{e}_1 \\ & c_2\boldsymbol{e}_2 & l_2\boldsymbol{e}_2 & \cdots & l_2\boldsymbol{e}_2 \\ & & c_3\boldsymbol{e}_3 & \cdots & l_3\boldsymbol{e}_3 \\ & 0 & & \ddots & \vdots \\ & & & & c_n\boldsymbol{e}_n \end{bmatrix} \tag{5.41}$$

$$\boldsymbol{\mu} = \frac{1}{m} \begin{bmatrix} m - m_1 & -m_1 & -m_1 & \cdots & -m_1 \\ -m_2 & m - m_2 & -m_2 & \cdots & -m_2 \\ -m_3 & -m_3 & m - m_3 & \cdots & -m_3 \\ \vdots & \vdots & \vdots & \vdots & \vdots \\ -m_n & -m_n & -m_n & \cdots & m - m_n \end{bmatrix} \tag{5.42}$$

其中 m_s 为系统的总质量，$m_i\,(i=1,\cdots,n)$ 为各分体质量. 利用式 (5.41)计算系统的增广体铰矢量矩阵 $\boldsymbol{b}$

$$\boldsymbol{b} = \boldsymbol{d}\boldsymbol{\mu} = [b_{ij}],\quad b_{ij} = \begin{cases} -b_i \boldsymbol{e}_i & (j < i) \\ (c_i - b_i)\boldsymbol{e}_i & (j = i) \\ (l_i - b_i)\boldsymbol{e}_i & (j > i) \end{cases} \tag{5.43}$$

其中 $$b_i = \frac{1}{m_s}\Big(m_i c_i + l_i \sum_{k=i+1}^{n} m_k\Big)\ (i = 1,\cdots,n)$$

式中 b_i 是 B_i 的增广体 B_i^* 的质心 O_i^* 至内接铰 O_i' 的距离（见图 5.4）. 各分体质心 C_i 相对总质心 O 的矢径 $\boldsymbol{\rho}_i\,(i=1,\cdots,n)$ 可利用增广体铰矢量(5.43)式导出

$$\boldsymbol{\rho}_i = c_i \boldsymbol{e}_i + \sum_{k=1}^{i-1} l_k e_k - \sum_{k=1}^{n} b_k \boldsymbol{e}_k \ (i = 1,\cdots,n) \tag{5.44}$$

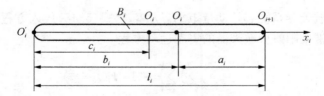

图 5.4 增广体模型

忽略微弱的万有引力梯度，则系统内各质点的万有引力与 O 点的轨道运动产生的惯性力平衡而处于失重状态，系统相对 B_0 的总动量为零，相对 O 点的总动量矩守恒. 设 H_0 为系统的起始动量矩，则根

据动量矩守恒原理

$$\sum_{i=1}^{n}(\boldsymbol{J}_i \cdot \boldsymbol{\omega}_i + m_i \boldsymbol{\rho}_i \times \dot{\boldsymbol{\rho}}_i) = H_0 \qquad (5.45)$$

将式(5.44)代入方程(5.45)中，并考虑 $\boldsymbol{\omega}_i = \sum_{j=1}^{i} \boldsymbol{\rho}_j^{\mathrm{T}} \dot{\theta}_j$，导出

$$I_z \dot{\varphi}_1 + \sum_{j=2}^{n} \sum_{i=j}^{n} I_{iz} \dot{\varphi}_{1j} = H_0 \qquad (5.46)$$

其中 φ_1 为航天器主体的姿态角（与主体 B_1 固结的 x_1 轴相对惯性坐标轴 X 的夹角），$I_z = \sum_{j=1}^{n} I_{jz}$ 为系统的总等效惯量矩，I_{jz} 为各分体 B_j 相对 O 点的等效惯量矩

$$I_{jz} = J_1 + \sum_{i=1}^{n} \sum_{k=1}^{n} m_k b_{jk} b_{ik} \cos \varphi_{ij} \qquad (5.47)$$

设 $\theta_i (i=1, \cdots, n)$ 为太阳帆板之间的相对张角，φ_{ij} 为 x_i 轴与 x_j 轴之间的相对转角如图 5.3 所示，考虑其转动方向，它们之间的关系有

$$\varphi_{1j} = (-1)^j \frac{\pi}{2} + \sum_{i=1}^{j-1} (-1)^i \theta_i \qquad (5.48)$$

设航天器系统起始动量矩 H_0 为零，将式(5.48)代入方程(5.46)中导出带太阳帆板航天器的姿态运动方程

$$I_z \dot{\varphi}_1 + \sum_{j=2}^{n} \sum_{i=j}^{n} \sum_{k=1}^{n-1} (-1)^k I_{iz} \dot{\theta}_k = 0 \qquad (5.49)$$

作为特例，考虑航天器由主体 B_1 和单侧联结的一组 3 块矩形太阳帆板 $B_i (i=2,3,4)$ 组成（见图 5.5）．其中 B_1 为均质正六面体，质量及中心主惯量矩分别为 m_1 和 J_1，各帆板质量为 $m_i (i=2,3,4)$．引入无量纲量 $\varepsilon = m_2/m_s$，$\sigma_1 = m_3/m_2$，$\sigma_2 = m_4/m_2$，由式(5.42)和

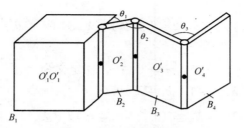

图 5.5　带太阳帆板的航天器

(5.43)计算系统的增广体矢量矩阵,得到

$$
\boldsymbol{b} = \begin{bmatrix}
-\varepsilon(1+\sigma_1+\sigma_2)l_1e_1 & [1-\varepsilon(1+\sigma_1+\sigma_2)]l_1e_1 \\
-\varepsilon(0.5+\sigma_1+\sigma_2)l_2e_2 & [0.5-\varepsilon(0.5+\sigma_1+\sigma_2)]l_2e_2 \\
-\varepsilon(0.5\sigma_1+\sigma_2)l_3e_3 & -\varepsilon(0.5\sigma_1+\sigma_2)l_3e_3 \\
-0.5\varepsilon\sigma_2 l_4e_4 & -0.5\varepsilon\sigma_2 l_4e_4
\end{bmatrix}
$$

$$
\begin{matrix}
[1-\varepsilon(1+\sigma_1+\sigma_2)]l_1e_1 & [1-\varepsilon(1+\sigma_1+\sigma_2)]l_1e_1 \\
[0.5-\varepsilon(0.5+\sigma_1+\sigma_2)]l_2e_2 & [0.5-\varepsilon(0.5+\sigma_1+\sigma_2)]l_2e_2 \\
[0.5-\varepsilon(0.5\sigma_1+\sigma_2)]l_3e_3 & [0.5-\varepsilon(0.5\sigma_1+\sigma_2)]l_3e_3 \\
-0.5\varepsilon\sigma_2 l_4e_4 & 0.5(1-\varepsilon\sigma_2)l_4e_4
\end{matrix}
\Bigg] \tag{5.50}
$$

由式(5.48)得到太阳帆板之间相对张角和转角的关系

$$
\begin{aligned}
\varphi_{12} &= (\pi/2)-\theta_1, \\
\varphi_{13} &= \theta_2-\theta_1-(\pi/2), \\
\varphi_{14} &= (\pi/2)-\theta_1+\theta_2-\theta_3
\end{aligned} \tag{5.51}
$$

令航天器主体质量远大于各帆板质量,则 ε 为小参数,将(5.50)、(5.51)代入式(5.47),只保留 ε 的一次项,可导出

$$
I_{1z} = J_1\{1+\varepsilon[\lambda_{10}+\lambda_{11}\sin\theta_1+\lambda_{12}\sin(\theta_2-\theta_1)+
$$

$$
\lambda_{13}\sin(\theta_1-\theta_2+\theta_3)]\}
$$

$$
I_{2z} = \varepsilon J_1[\lambda_{20}+\lambda_{21}\sin\theta_1-\lambda_{22}\cos\theta_2+\lambda_{23}\sin(\theta_1-\theta_2+\theta_3)]
$$

$$
I_{3z} = \varepsilon J_1[\lambda_{30}+\lambda_{31}\sin(\theta_2-\theta_1)-\lambda_{32}\cos\theta_2-\lambda_{33}\cos\theta_3]
$$

$$I_{4z} = \varepsilon J_1 [\lambda_{40} + \lambda_{41} \sin(\theta_1 - \theta_2 + \theta_3) + \lambda_{42} \cos(\theta_2 - \theta_1) - \lambda_{43} \cos\theta_3)]$$

$$(5.52)$$

各参数 $\lambda_{ij}(i = 1, \cdots, 4, j = 0, \cdots, 3)$ 定义为

$$\lambda_{10} = (1 + \sigma_1 + \sigma_2)\beta_1^2\lambda_0$$

$$\lambda_{11} = \lambda_{21} = (0.5 + \sigma_1 + \sigma_2)\beta_1\beta_2\lambda_0$$

$$\lambda_{12} = \lambda_{31} = (0.5 + \sigma_1 + \sigma_2)\beta_1\beta_3\lambda_0$$

$$\lambda_{13} = \lambda_{23} = \lambda_{41} = \lambda_{42} = 0.5\sigma_2\beta_1\beta_3\lambda$$

$$\lambda_{20} = [(0.25 + \sigma_1 + \sigma_2)\beta_2^2 + 0.2\sigma_2\beta_1^2]\lambda_0 \qquad (5.53)$$

$$\lambda_{22} = \lambda_{23} = (0.5\sigma_1 + \sigma_2)\beta_2\beta_3\lambda_0$$

$$\lambda_{30} = [(0.5\sigma_1 + \sigma_2)\beta\beta_3 + 0.64\sigma_2\beta_1^2]\lambda_0$$

$$\lambda_{33} = \lambda_{43} = 0.5(0.5\sigma_1 + \sigma_2)\beta_3\lambda_0$$

$$\lambda_{40} = (1 + 0.64\beta_1^2)\sigma_2\lambda_0$$

其中 $\lambda_0 = ml_4^2/J_1$，$\beta_1 = l_1/l_4$，$\beta_2 = l_2/l_4$，$\beta_3 = l_3/l_4$ 为无量纲参数. 设航天器系统起始动量矩 H_0 为零，由式(5.49)导出

$$I_z\dot{\varphi}_1 + [-(I_{2z} + I_{3z} + I_{4z})\dot{\theta}_1 + (I_{3z} + I_{4z})\dot{\theta}_2 - I_{4z}\dot{\theta}_3] = 0$$

$$(5.54)$$

方程(5.54)具有非完整约束方程形式，表明系统中任何分体的相对运动均可产生对主体姿态的扰动. 将帆板各相对转动角速度 $\dot{\theta}_i(i = 1, 2, 3)$ 取作控制输入，记作 $\boldsymbol{u}$. 定义系统的位形 $\boldsymbol{q} = (\theta_1, \theta_2, \theta_3, \varphi_1)^{\mathrm{T}}$ 为状态变量，控制系统的方程为

$$\dot{\boldsymbol{q}} = \boldsymbol{G}(\boldsymbol{q})\boldsymbol{u} \qquad (5.55)$$

式中
$$\boldsymbol{G}(\boldsymbol{q}) = \begin{bmatrix} 1 & 0 & 0 \\ 0 & 1 & 0 \\ 0 & 0 & 1 \\ G_1 & G_2 & G_3 \end{bmatrix}$$

$$G_1 = (I_{2z} + I_{3z} + I_{4z})/I_z, \ G_2 = -(I_{3z} + I_{4z})/I_{2z}, \ G_3 = I_{4z}/I_z$$

5.4   仿真算例

5.4.1   带有两个动量飞轮刚体航天器姿态运动控制实例[143,144]

考虑带有两个动量飞轮刚体航天器的姿态运动,给定航天器系统初始和终端姿态 q_0,$q_f \in \mathfrak{R}^3$,通过目标函数(5.27)寻求控制输入 $u(t) \in \mathfrak{R}^2$,$t \in [0, T]$,从而确定系统从 q_0 到 q_f 的姿态运动轨迹. 设两个动量飞轮分别位于航天器主轴上,沿主轴基矢量 b_1 和 b_2 分别定义为 $b_1 = (1, 0, 0)^T$ 和 $b_2 = (0, 1, 0)^T$. 航天器系统质量几何参数分别为[7]

$$d_1 = d_2 = 0.2\,\mathrm{m}, \ j_1 = j_2 = 0.5\,\mathrm{kg \cdot m^2}, \ m_1 = m_2 = 5\,\mathrm{kg}, \ m_0 =$$
$$500\,\mathrm{kg}, \ I_0 = \mathrm{diag}\,(86.214, 85.07, 113.565)\mathrm{kg \cdot m^2}, \ I_1 = \mathrm{diag}\,(0.5,$$
$$0.25,\ 0.25)\mathrm{kg \cdot m^2}, \ I_2 = \mathrm{diag}\,(0.25, 0.5, 0.25)\mathrm{kg \cdot m^2},$$

航天器初始和终端姿态分别为

$$q_0 = \begin{bmatrix} 0 & 0 & 0 \end{bmatrix}^T, \ q_f = \begin{bmatrix} 0 & 0 & \pi/6 \end{bmatrix}^T$$

其中终端姿态要求航天器绕无动量飞轮的第三主轴转动 $\pi/6$.

仿真试验中选取 10 个 Fourier 正交基向量组成矩阵 $\boldsymbol{\Phi}$,基向量分别为

$$e_1 = \begin{bmatrix} 0.5 \\ 0 \end{bmatrix}, \ e_2 = \begin{bmatrix} \sin t \\ 0 \end{bmatrix}, \ e_3 = \begin{bmatrix} \cos t \\ 0 \end{bmatrix}, \ e_4 = \begin{bmatrix} \sin 2t \\ 0 \end{bmatrix}, \ e_5 = \begin{bmatrix} \cos 2t \\ 0 \end{bmatrix},$$

$$e_6 = \begin{bmatrix} 0 \\ 0.5 \end{bmatrix}, \ e_7 = \begin{bmatrix} 0 \\ \sin t \end{bmatrix}, \ e_8 = \begin{bmatrix} 0 \\ \cos t \end{bmatrix}, \ e_9 = \begin{bmatrix} 0 \\ \sin 2t \end{bmatrix}, \ e_{10} = \begin{bmatrix} 0 \\ \cos 2t \end{bmatrix}$$

将上述参数和条件代入 5.2 高斯-牛顿非完整运动规划算法中.

设系统由初始到终端运动时间为 $T = 5\,\mathrm{s}$，取每步迭代的时间间隔 $\Delta t = 0.01\,\mathrm{s}$. 仿真结果如图 5.6～5.7 所示，其中图 5.6 为航天器从初始位形 $\boldsymbol{q}_0$ 到终端位形 $\boldsymbol{q}_f$ 姿态运动的优化轨线. 图 5.7 为两个动量飞轮相对航天器主轴转动的最优控制输入信号.

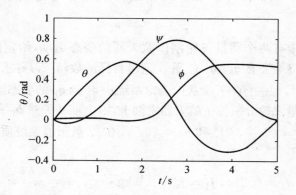

图 5.6　航天器载体姿态运动的优化轨线

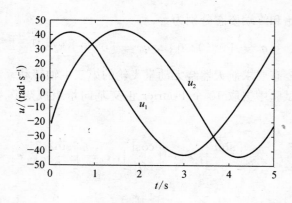

图 5.7　飞轮相对航天器转动的最优控制输入规律

利用迭代公式 (5.30) 计算时，步长因子 σ 和罚因子 λ 在仿真中进行了若干次调整. 开始选择较小的 σ 值, 当接近最优解时, 可逐渐增大 σ 的值. 同时, 为加速迭代和减少计算时间适当加大罚因子 λ 值. 算例通过 26 次迭代达到最优指标值, $J(\alpha) = 4.5122$, 误差精度为 10^{-3}.

众所周知航天器利用三个动量飞轮可以控制其姿态和任意定位. 当其中一个动量飞轮失效, 航天器的两个飞轮仅能提供两个独立方向的控制输入. 在系统角动量为零的情况下, 系统的姿态控制问题可转化为无漂移系统的非完整运动规划问题. 从仿真结果可以看出, 通过对两个动量飞轮施加控制输入 (速度量), 的确可以操纵航天器从某一初始姿态到达要求的终端姿态.

5.4.2 航天器太阳帆板展开过程的姿态运动规划实例[145,146]

设带太阳帆板的航天器由 4 个刚体 $B_i (i = 1, \cdots, 4)$ 以圆柱铰联结组成的链状多刚体系统 (见图 5.5), 其中 B_1 为主体, B_2 为连接板, B_3 和 B_4 分别为内板和外板. 系统质量几何参数为

主体: $m_1 = 200$ kg, $J_1 = 32.2$ kg·m², $l_1 = 0.5$ m;

连接板: $m_2 = 5$ kg, $l/2 \times l = 0.5 \times 1$ m²;

内板与外板: $m_3 = m_4 = 2m_2 = 10$ kg, $l \times l = 1 \times 1$ m²

算例 1 太阳帆板由折叠状态完全展开, 即连接板由初始位形 $0°$ 展开到终端位形 $\pi/2$, 内板和外板由 $0°$ 展开到 π. 航天器主体的初始和终端姿态保持不变. 设系统初始和终端位形分别为

$$q_0 = \begin{bmatrix} 0 & 0 & 0 & 0 \end{bmatrix}^T, \quad q_f = \begin{bmatrix} \pi/2 & \pi & \pi & 0 \end{bmatrix}^T$$

仿真结果如图 5.8～5.9 所示. 图 5.8 为航天器主体姿态 ψ_1 和太阳帆板相对转角 $\theta_i (i = 1, \cdots, 3)$ 运动的优化轨线, 其中连接板转动 $90°$ 和两个帆板转动 $180°$, 曲线两端点为系统初始和终端姿态. 图 5.9 为太阳帆板相对转动的最优控制输入规律. 从图中可以看出, 太阳帆板的展开运动比较平稳, 运动轨迹没有迂回运动, 控制输入也比较光滑.

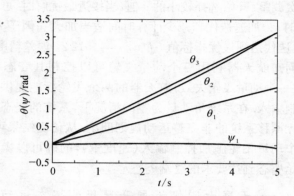

图 5.8   主体姿态和各帆板相对转角的优化轨线

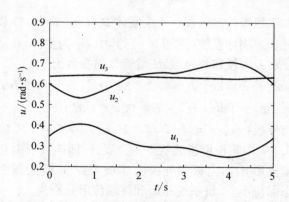

图 5.9   太阳帆板相对转动的最优控制输入规律

　　算例 2   太阳帆板由折叠状态完全展开,航天器主体姿态由初始
位形 $0°$ 展开到终端位形 $\pi/4$,设系统初始和终端位形分别为

$$\boldsymbol{q}_0 = \begin{bmatrix} 0 & 0 & 0 & 0 \end{bmatrix}^{\mathrm{T}}, \quad \boldsymbol{q}_f = \begin{bmatrix} \pi/2 & \pi & \pi & \pi/4 \end{bmatrix}^{\mathrm{T}}$$

图 5.10 为航天器主体姿态和各太阳帆板之间相对转角的优化轨线.
图 5.11 为太阳帆板相对转动的最优控制输入规律.

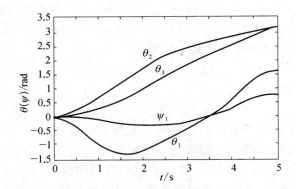

图 5.10 主体姿态和各帆板相对转角的优化轨线

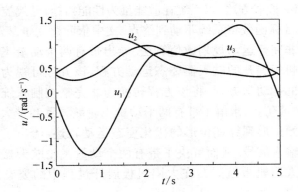

图 5.11 太阳帆板相对转动的最优控制输入规律

计算中为避免开始阶段 α 值的缓慢变化,对步长因子 α 和罚因子 λ 进行适当调整,逐渐增加 α 值和 λ 值. 仿真实验中选取 15 个正交基向量,$\{e_i(t)\}_{i+1}^5$ 为

$$e_1 = \begin{bmatrix} 0.5 \\ 0 \\ 0 \end{bmatrix}, \ e_2 = \begin{bmatrix} \sin t \\ 0 \\ 0 \end{bmatrix}, \ e_3 = \begin{bmatrix} \cos t \\ 0 \\ 0 \end{bmatrix}, \ e_4 = \begin{bmatrix} \sin 2t \\ 0 \\ 0 \end{bmatrix}, \ e_5 = \begin{bmatrix} \cos 2t \\ 0 \\ 0 \end{bmatrix}$$

$\{e_i(t)\}_{i=6}^{10}$，$\{e_i(t)\}_{i=11}^{15}$ 分别由上式各基向量行轮换得到. 算例 1 通过 23 次迭代达到最优指标值，$J(\alpha_{23}) = 1.887\,54$；算例 2 迭代 26 次，$J(\alpha_{26}) = 2.136\,86$，误差精度均为 10^{-4}.

5.5 本章小结

本章主要研究多体航天器的非完整运动规划的最优控制. 讨论了最优化方法和最优控制问题以及在非完整运动规划中的应用. 对于无漂移非完整控制系统，非完整运动规划问题的最优控制输入为正弦函数. 通常，获得一个控制系统从初始状态到终点的最小平方最优控制问题的封闭解是很困难的. 因此，采用数值技术，利用泛函分析中的 Ritz 近似方法，以系统耗散能量为性能指标，寻找控制输入 u，以较小的目标函数将系统驱动到终点. 文中依此建立了基于高斯-牛顿迭代的非完整运动规划数值算法. 导出带有两个动量飞轮航天器和带太阳帆板展开的航天器姿态运动方程，该方程可视为系统受非完整约束的运动学方程，将该方程转换为非完整控制系统的状态方程. 通过数值仿真，求解了带有两个动量飞轮航天器和带太阳帆板航天器从初始位形到终端位形的优化姿态运动轨迹，给出了受控系统最优控制输入信号. 从而解决了带有两个动量飞轮航天器姿态机动问题和带太阳帆板航天器在太阳帆板展开过程中的姿态定向控制问题.

第六章　非完整运动规划的遗传算法

6.1　遗传算法概述

遗传算法是一类借鉴生物界自然选择和自然遗传机制的随机化搜索算法. 其主要特点是群体搜索策略和群体中个体之间的信息交换, 搜索不依赖于梯度信息. 它尤其适用于处理传统搜索方法难于解决的复杂和非线性问题, 可广泛用于组合优化, 优化数值, 智能控制, 规划设计, 模式识别等领域, 是 21 世纪有关智能计算中的关键技术之一. 本节先简要介绍遗传算法的一些基本概念和理论.

6.1.1　遗传算法简介

遗传算法最早在 1975 年由美国 Michigan 大学的 Holland 教授的名著《自然与人工系统的自适应》中作了系统的介绍[147], 到了 80 年代末期, 遗传算法研究蓬勃发展, 吸引了大批的科学研究者和工程技术人员, 从事该领域的研究和开发应用工作. 遗传算法是一种基于自然选择和遗传变异等生物进化机制的全局性概率搜索算法. 与基于导数的解析方法和其他启发式搜索方法一样, 遗传算法在形式上也是一种迭代方法. 它从选定的初始化群体出发, 通过不断迭代逐步改进当前解, 直至最后搜索到最优解或满意解. 在遗传计算中, 迭代计算过程采用了模拟生物体的进化机制, 从一组解(群体)出发, 通过随机选择(Selection)、交叉(Crossover)和变异(Mutation)使得群体一代比一代接近最优解点.

遗传算法与传统的搜索和优化方法相比, 其主要优越性表现在遗传算法处理优化问题具有很强的灵活性、鲁棒性、适应性和全局性;嵌入优化问题的过程简单,不需要对问题本身有深入的数学了解.用遗传算法求优化解是不需要梯度信息,不易陷入局部最小点.此外遗传算法易于和别的技术结合,形成更优的问题求解方案.

优化问题采用遗传计算求解的一般过程包括以下步骤[148]:

(1) 随机给定一组初始解;

(2) 评价当前这组解的性能;

(3) 根据(2)的评价结果,从当前解中选择一定数量的解作为基因操作的对象;

(4) 对所选择的解进行基因操作(交叉、变异),得到一组新的解;

(5) 返回到(2),对该组新的解进行评价;

(6) 若当前解满足要求或进化过程达到一定的代数,计算结束,否则转向(3)继续进行.

遗传算法的基本流程如图 6.1 所示

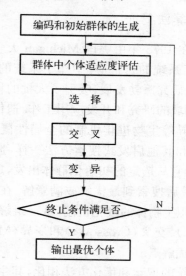

图 6.1 遗传算法简图

遗传算法是一种随机化搜索方法,在初始解生成以及选择、交叉与变异等遗传操作过程中,均采用了随机处理方法. 与其他搜索技术(如梯度搜索技术、随机搜索技术、启发式搜索技术和枚举技术等)相比,遗传算法具有以下特点[149]:

(1) 遗传算法的搜索过程是从一群初始点开始搜索,而不是从单一的初始点开始搜索,这种机制意味着搜索过程可以有效地跳出局部极值点,对搜索空间中的多个解进行评估. 特别是当采用有效的保证群体多样性措施时,算法可以很好地将局部搜索和全局搜索协调起来,既可以完成极值点邻域内解的求精,也可以在整个问题空间实施探索,得到全局最优解的概率大大提高.

(2) 遗传算法在搜索过程中使用的是基于目标函数值的评价信息,而不是传统方法主要采用的目标函数的导数信息或待求解问题领域内知识. 遗传算法的这一特点使其成为具有良好普适性和广泛的应用领域.

(3) 遗传算法具有显著的隐式并行性. 遗传算法虽然在每一代只对有限解个体进行操作,但处理的信息量为群体规模的高次方.

(4) 遗传算法在形式上简单明了,不仅便于与其他方法相结合,而且非常适合与大规模并行计算机运算,因此可以有效地用于解决复杂的适应性系统模拟和优化问题.

(5) 遗传算法具有很强的鲁棒性,即存在噪声的情况下,对同一问题的遗传算法多次求解中得到的结果是相似的. 遗传算法的鲁棒性在大量应用实例中得到了充分的验证.

上述这些特点使得遗传算法和其他搜索方法相比有许多优越性,使用简单,鲁棒性强,良好的全局搜索性,易于并行化,易于和别的技术相融合等,从而使其应用非常广泛.

6.1.2 遗传算法的基本原理

由基本流程图 6.1 可见,遗传算法是一种群体型操作,该操作以群体中的所有个体为对象. 选择、交叉和变异是遗传算法的三个主要

遗传算法. 它们构成了所谓的遗传操作, 使遗传算法具有了其他传统方法所没有的特性. 遗传算法中包含如下五个基本要素:

(1) 参数编码

(2) 群体设定

(3) 适应度函数设计

(4) 遗传操作设计

(5) 控制参数设定 (主要指群体大小和使用遗传算子的概率等)

这五个要素构成了遗传算法的核心内容.

6.1.2.1 编码

遗传算法主要是通过遗传操作对种群中具有某种结构形式的个体施加结构重组处理, 从而不断地搜索出群体中个体间的结构相似性, 形成并优化积木块以逐渐逼近最优解. 所以遗传算法不能直接处理问题空间的参数, 必须把它们转换成基因型串结构数据, 这个转换叫作编码.

遗传算法采用的编码方法很多, 二进制编码、实数编码以及由格雷码表示等. 其中二进制编码是目前常用的编码方法. 它的特点是简单易行, 符合最小字符集编码原则.

6.1.2.2 初始种群生成

遗传操作是对多个个体同时进行, 众多个体组成了群体, 在遗传算法处理流程中, 继编码设计后的任务是初始群体设定, 并以此为起点, 一代代进化直到按某种进化准则终止进化过程, 由此得出最后一个种群. 在种群初始化生成过程中, 种群大小对遗传算法效能发挥有重大影响.

一般来说, 遗传算法中初始群体中的个体均为随机产生, 群体规模的设定既要保证种群中个体多样性, 又要考虑到计算量的问题.

6.1.2.3 适应度函数

遗传算法在搜索进化过程中一般不考虑其他外部信息, 仅用评估函数值即适应度函数来评估个体或解的优劣, 并作为以后遗传操作的依据, 遗传算法的适应度函数不受连续性可微的约束, 定义域为任意集合. 对适应度函数唯一要求是输入可计算出能加以比较的非负结果.

适应度函数基本为以下三种[150]:

(1) 直接以待求解目标函数转化为适应度函数,即:

若目标函数为最大值问题

$$\text{Fit}[f(x)] = f(x) \tag{6.1}$$

若目标函数为最小值问题

$$\text{Fit}[f(x)] = -f(x) \tag{6.2}$$

这种适应度函数简单直观,但存在两个问题:其一是可能不满足常用的轮盘赌选择中概率非负的要求;其二是某些待求解的函数在函数值分布上相差很大,由此得到的平均适应度可能不利于体现种群的平均性能,影响算法的性能.

(2) 若目标函数为最小值问题,则

$$\text{Fit}[f(x)] = \begin{cases} c_{\max} - f(x), & f(x) < c_{\max} \\ 0 & \text{其他} \end{cases} \tag{6.3}$$

式中 $c_{\max}$ 为 $f(x)$ 的最大值估计.

若目标函数为最大值问题,则

$$\text{Fit}[f(x)] = \begin{cases} f(x) - c_{\max}, & f(x) > c_{\max} \\ 0 & \text{其他} \end{cases} \tag{6.4}$$

式中 $c_{\max}$ 为 $f(x)$ 的最小值估计.

(3) 若目标函数为最小值问题,则

$$\text{Fit}[f(x)] = \frac{1}{1 + c + f(x)} \quad c \geqslant 0, \ c + f(x) \geqslant 0 \tag{6.5}$$

若目标函数为最大值问题,则

$$\text{Fit}[f(x)] = \frac{1}{1 + c - f(x)} \quad c \geqslant 0, \ c - f(x) \geqslant 0 \tag{6.6}$$

这种方法与第二种方法类似，c 为目标函数界限的保守估计值.

6.1.2.4 遗传操作

遗传操作是模拟生物基因遗传的操作，在遗传算法中，通过编码形成初始群体后，遗传操作的任务就是对群体的个体，按照它们环境适应程度施加一定操作，从而实现优胜劣汰的进化过程，从优化搜索而言，遗传操作可使问题的解，一代又一代地进化，并逼近最优解.

遗传操作包含三个基本遗传算子：选择、交叉和变异.

（1）选择

从群体中选择优胜个体，淘汰劣质个体的操作叫选择. 选择的目的是把优胜的个体直接传到下一代或通过交叉配对再遗传到下一代. 选择操作是建立在群体中个体适应度评估基础上，即个体适应度越高，其被选择的机会越多. 目前常用的选择算子有：适应度比例方法、最佳个体保存方法、期望值方法和排序选择方法等. 适应度比例方法是目前最基本也是最常用的选择方法. 它也叫轮盘赌或蒙特卡洛选择. 在该方法中个体被选择概率与其适应度成比例.

（2）交叉

在自然界生物进化过程中起核心作用的是生物遗传基因的重组（加上变异）. 同样，遗传算法中起核心作用的是遗传操作中的交叉算子. 所谓交叉就是把两个父代个体的部分结构加以替换重组而生成新个体的操作. 通过交叉，遗传算法的搜索能力得以提高. 各种交叉算子（对二进制编码而言）一般都包含两个基本内容：

① 从由选择操作组成的配对库中，按照预先设定的交叉概率来决定每对是否需要进行交叉操作.

② 设定配对个体的交叉点，并对这些点前后配对个体部分结构（或者说基因）进行相互交换.

基因交叉算子有：单点交叉，多点交叉，均匀交叉等. 这里主要讨论一点交叉.

单点交叉又称简单交叉，具体操作是：首先在配对库中个体进行随机配对，然后在个体中随机设定一个交叉点，实现交叉时，该点前或后的两个个体的部分结构进行互换,并生产两个新个体,下面给出单点交叉的例子.

考虑如下两个 10 位变量的父个体,交叉点的位置为 5.

父个体 1　0111001101　$\xrightarrow{交叉}$　父个体 1*　　0111010001
父个体 2　1010110001　　　　　父个体 2*　　1010101101

(3) 变异

变异操作就是对群体中个体串的某些基因座上的基因值作变动. 如果是二进制编码,方法是把某些基因座上的基因值取反,即 0→1 或者 1→0. 变异操作同样也是随机进行的,变异概率一般都取得很小,变异的目的是为了挖掘群体中个体的多样性,克服可能陷入局部解的弊病. 一般来说变异操作基本步骤如下:

① 在群体中所有个体的码串范围内随机的确定要变异的基因座;

② 以事先设定的变异概率 P_m 来对这些基因座的基因值实行变异;

遗传算法的基本变异算子是指对群体中的个体码串随机挑选一个或多个基因座并对这些基因座的基因值做变动. 对于二进制编码的基本变异操作如下例:

个体 A　0111001101　$\xrightarrow{变异}$　0110001111

遗传算法中引入变异的目的有两个:一是遗传算法具有局部的随机搜索能力. 当遗传算法通过交叉算子已接近最优解邻域时,再利用变异算子这种局部随机搜索能力可以加速向最优解收敛. 显然这种情况下的变异概率应取较小值,否则接近最优的积木块会因变异而遭到破坏. 二是使遗传算法可维持群体中个体多样性,以防止出现未成熟收敛现象,此时变异概率要取较大值.

在遗传算法中,交叉算子因其具有全局搜索能力而作为主要算子,变异算子因其具有局部搜索能力而作为辅助算子,遗传算子通过交叉和变异这一对相互配合又相互竞争的操作而使其具备兼顾全局和局部的均衡搜索能力.

6.2 遗传算法在非完整运动规划中的实施

为将遗传算法应用到多体航天器系统的非完整运动规划最优控制中,针对传统遗传算法的不足之处进行了相应的改进,以提高算法的运算效率和求解精度. 下面介绍遗传算法在非完整运动规划中的实施过程.

6.2.1 编码策略

遗传算法多采用二进制编码. 二进制编码就是将问题的解空间映射为位串空间 $B = \{0, 1\}$ 上,然后在位串空间上进行遗传操作,再将结果通过解码过程还原成其表现型进行适应度评估. 采用二进制编码有如下优点:

(1) 二进制编码类似于生物体染色体的组成. 算法易于用生物基因理论来解释,并使得遗传操作(如交叉、变异等)易于实现.

(2) 采用二进制编码时,算法的处理模式最多.

尽管二进制编码有上述优点,但在求解高维多变量问题时,存在以下缺陷:

(1) 相邻整数的二进制编码可能有较大的 Hamming 距离.

例如 15 和 16 的二进制表示为 01111 和 10000,从 15 改进到 16 必须改变所有的位. 这使得遗传算法的搜索效率降低.

(2) 二进制编码在求解多维、高精度问题时,二进制解向量的编码字符串将是非常之长,从而使得算法的计算量增加,计算效率明显降低.

与二进制编码相似的另一种编码方式是十进制编码,只是每个基因位有 10 种可能取值(0~9). 实数编码直接把每个变量当作基因处理[151],它是一种变形的十进制编码(每个基因位的可能取值远不止 10 种），也是一种没有编码的编码方式. 由于实数编码有精度高、便于大空间搜索等优点，实数编码越来越受到重视. Michalewiez 比较了两种编码方法的优缺点[152,153]，Qi 和 Palmieri 对实数编码的遗传算法进行了严密的数学分析[154]. Vose 等扩展了 Holland 的模式概念[155]，揭示了不同编码之间的同构性. 从整体上来讲，二进制编码的进化层次是基因，而实数编码的进化层次是个体. 本文考虑自由漂浮多体航天器姿态运动优化，具有多变量和计算量大等特点，因此采用实数编码的遗传算法性能更好.

对式(5.26)中函数 u 在 Fourier 基上的投影 α 采用实数编码，染色体个数为 $\alpha_i(i = 1, 2, \cdots, N)$ 组成的 N 维向量.

$$\alpha = [\alpha_1, \alpha_2, \cdots\cdots, \alpha_N] \tag{6.7}$$

6.2.2 初始群体设定

初始群体设定要考虑到群体规模在遗传算法中的重要作用. 群体规模越大，遗传操作所处理的模式就越多，生成有意义的积木块并逐渐进化为最优解的机会就越高. 换言之，群体规模越大，群体中个体的多样性就越高，算法陷入局部解的可能就越小. 所以从考虑群体多样性出发，群体规模应越大. 但是群体规模太大，其适应度评估次数增加，相应的计算量也增加，从而影响算法效能. 另外群体规模太小，会使遗传算法的搜索空间减小，引起未成熟收敛现象. 显然要避免未成熟收敛现象，必须保持群体的多样性，即群体规模不能太小. 通常取 10 到 100 之间较为合适.

在本文中，根据多体航天器姿态运动优化问题和精度要求，随机产生 n 个个体，将 n 个个体的每一分量初始化为零均值，方差为 1 的高斯分布随机数.

6.2.3 适应度函数

（1）适应度函数的建立

遗传算法在进化搜索中基本上不用外部信息,仅用适应度函数为依据. 遗传算法的适应度函数不受可微的约束且定义域可以为任意集合. 对适应度函数唯一的要求是,针对输入可计算出能加以比较的非负结果. 同时,要通过适应度函数值计算选择概率,也要求其取正值. 通常人们都是将目标函数映射成求最大值形式且函数值为非负的适应度函数.

对于空间多体航天器系统,根据第五章中的目标函数式(5.27),因最小二乘恒为正值函数. 所以,取目标函数的倒数作为遗传算法的适应度函数,即为

$$g(\alpha) = \frac{1}{J(\alpha)} \qquad (6.8)$$

其中 α 为染色体,$J(\alpha)$ 为式(5.27)的目标函数.

(2) 适应度函数的定标

在遗传算法中,通常会出现一些超常个体. 如果采用比例选择机制,这些异常个体因竞争力太突出会控制整个选择过程,导致未成熟收敛现象,从而影响算法的全局优化性能[150]. 此外,在进化过程中,虽然群体多样性尚存,但往往会出现群体中平均适应度已接近最佳个体适应度,此时,个体间的竞争力减弱,最佳个体和其他大多数个体在选择过程中有几乎相等的选择机会,从而使得目标函数的优化趋于无目标的随机漫游过程.

在自由漂浮的多体航天器算例中,由于群体中个体的适应度函数值相差很小,致使平均适应度值和最大个体适应度值较为接近,这样,在采用比例选择机制时,平均适应度值附近的个体和适应度值最高的个体被选择的几率几乎相等. 也就是说,最优个体与大多数个体具有等同的淘汰几率,产生了上述的随机漫游过程. 为消除这一不利影响,采用了幂函数变换法和指数变换法. 函数形式为

$$F' = F^k \qquad F' = e^{-aF} \qquad (6.9)$$

式中,k,a 为系数,F,F' 分别为定标前后的适应度函数值.

6.2.4　遗传操作

在遗传算法中,遗传操作:选择、交叉和变异是遗传算法的核心.

（1）选择

采用最基本的适应度比例（赌轮）选择方法.设群体规模为 M,染色体长度为 N,个体 i 的适应度值为 $g(\alpha_i)$,则第 j 个体被选择的概率为

$$P(j) = \frac{g_j(\alpha_i)}{\sum\limits_{j=1}^{M} g_j(\alpha_i)} \qquad i = 1, 2, \cdots, N \qquad (6.10)$$

按式（6.10）计算出群体中每个个体的选择概率后,就可决定哪些个体被选出.

（2）交叉

利用选择操作得到的两个父代个体,根据交叉概率 P_c 随机选定一交叉点,并交换部分基因生成两个新个体.操作如图 6.2 所示.

$$\alpha_1^A \alpha_2^A \cdots \alpha_l^A \mid \alpha_{l+1}^A \cdots \alpha_N^A \Rightarrow \alpha_1^A \alpha_2^A \cdots \alpha_l^A \mid \alpha_{l+1}^B \cdots \alpha_N^B$$

$$\alpha_1^B \alpha_2^B \cdots \alpha_l^B \mid \alpha_{l+1}^B \cdots \alpha_N^B \Rightarrow \alpha_1^B \alpha_2^B \cdots \alpha_l^B \mid \alpha_{l+1}^A \cdots \alpha_N^A$$

图 6.2　交叉示意图

图中 N 为染色体长度,α_i^A,α_i^B（$i = 1, 2, \cdots, N$）是高斯随机数,竖线位置为交叉位.

（3）变异

染色体采用的是实数编码,其变异操作是根据变异概率 P_m 选择要变异的基因,然后加上一个高斯随机数.设 α_{ij} 是第 j 个染色体的第 i 个基因,则变异形式为

$$\alpha_{ij} = \alpha_{ij} + \delta_j \qquad (6.11)$$

本文遗传算法是在传统遗传算法基础上改进实现的,除了上述

对适应度函数定标外,为了保证算法的全局优化性能,还采用了最优保存策略以及交叉率和变异率自适应策略.

最优保存策略

最优保存策略是把每一代遗传操作后产生的新代群体的最高适应度值与上一代群体的最高适应度值相比较,如果小于上一代的最高适应度值,就随机淘汰新一代中的一个个体,把上一代中具有最高适应度值的个体加入到新一代群体中[156,157].这一做法可以保证当前代的最优个体不会被交叉和变异操作破坏掉.

交叉率和变异率的自适应策略

交叉概率 P_c 和变异率 P_m 是遗传算法的两个重要控制参数,其数值的设定对算法效率有较大影响.传统遗传算法通常采用恒定的 P_c 和 P_m,容易产生"早熟"现象,过早收敛于一个非全局最优点.一旦出现"早熟",遗传算法中的选择和交叉操作就会失效.为此,针对交叉和变异采用自适应操作[148,158].定义:$g_{min}/g_{max} > b$,$0 < b < 1$ 时,称群体集中.若 $g_{avg}/g_{max} > a$,$0.5 < a < 1$ 时,称个体集中.比较每代中所有个体的最大适应度 g_{max}、最小适应度 g_{min} 和平均适应度 g_{avg} 的接近程度判断该代中个体和群体适应度的集中程度,根据适应度集中程度,自适应地变化整个群体的 P_c 和 P_m.具体表达式为

$$P_c = \begin{cases} P_c \dfrac{1}{1 - g_{min}/g_{max}} & g_{avg}/g_{max} > a,\ g_{min}/g_{max} > b \\ P_c & 其他 \end{cases} \quad (6.12)$$

$$P_m = \begin{cases} P_m \dfrac{1}{1 - g_{min}/g_{max}} & g_{avg}/g_{max} > a,\ g_{min}/g_{max} > b \\ P_m & 其他 \end{cases}$$

$$(6.13)$$

根据以上对遗传算法所做的改进,给出改进的遗传算法实施流程如图 6.3 所示.

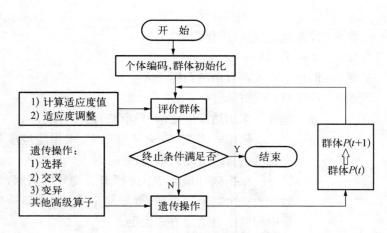

图 6.3 改进的遗传算法框图

综上所述,对于非完整运动规划问题,遗传算法实施步骤如下:

步骤 1 给定遗传算法参数

群体规模;染色体长度;交叉概率;变异概率;进化代数;定标系数;交叉与变异的自适应参数等.

步骤 2 给定系统的质量几何参数

步骤 3 采用实数编码,初始化群体

产生 N 个染色体,每个染色体的 n 个基因初始化为零均值,方差为 1 的高斯分布随机数

步骤 4 计算初始群体每个个体的适应度

◇ 给出系统初始和末端位形;

◇ 根据控制输入函数 $u = \Phi\alpha$,选择基矢量构造 Φ 矩阵;

◇ 求解微分方程组 $\dot{q} = B(q)u$,计算系统的末端位形;

◇ 利用目标函数 $J(\alpha)$ 构造的适应度函数式 $g(\alpha)$ 并计算每个染色体的适应度.

步骤 5 群体统计

计算当前群体的最大适应度 f_{max}、最小适应度 f_{min} 和适应度平均

值 f_{avg}

步骤 6　设置循环变量(进化代数) $I = 0$

步骤 7　$I = I + 1$

步骤 8　调整适应度函数中的罚因子 λ

步骤 9　产生新一代群体

◇　选择　采用适应度比例(轮盘赌)选择方法;

◇　交叉　采用一点交叉,交叉概率 P_c 根据适应度集中程度由自适应方式确定;

◇　变异　根据变异概率 P_m 选择需要变异的基因,然后加上一个高斯随机数,变异概率 P_m 根据适应度集中程度由自适应方式确定.

步骤 10　计算个体的适应度

步骤 11　适应度函数调整(定标)

步骤 12　采用最优化保护策略

步骤 13　群体统计

如果满足终止条件结束,否则转到步骤 7.

6.3　空间机械臂系统模型

设空间机械臂系统由载体 B_0 和机械臂 $B_i (i = 1, 2, 3)$ 以圆柱铰 $C_i (i = 0, 1, 2)$ 联接的链结构组成(见图 6.4). 以系统质心 O 为原点建立惯性坐标系 $(O\text{-}XYZ)$,设各刚体质心 O_i 为原点建立连体基 $(O_i\text{-}x_i y_i z_i) (i = 0, \cdots, 3)$. 各刚体质心相对于系统质心 O 的矢径为 r_i,转动角速度为 ω_i. 设刚体质心到其上任意点 p 的矢量相对于惯性坐标系为 ρ_i,相对于连体基坐标系的矢量表示为 v_i. 设系统为无力矩状态,根据动量矩守恒原理有

$$\sum_{i=0}^{3} \left[r_i \times m_i \dot{r}_i + \int_m \rho_i \times (\omega_i \times \rho_i) \mathrm{d}m \right] = 0 \qquad (6.14)$$

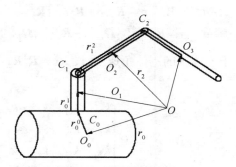

图 6.4 带空间机械臂的刚体航天器

式中 m_i ($i = 0, \cdots, 3$) 为系统各刚体的质量. 根据图 6.4 所示,由几何关系可以得到以下关系式

$$\boldsymbol{r}_i = \boldsymbol{r}_0 + \sum_{j=1}^{i} (\boldsymbol{R}_{j-1} \boldsymbol{r}_{j-1}^{j-1} + \boldsymbol{R}_j \boldsymbol{r}_{j-1}^{j}) \tag{6.15}$$

其中 $\boldsymbol{r}_{j-1}^{j}$ 表示刚体内接铰 C_{j-1} 到刚体质心 O_i 的矢量,$\boldsymbol{r}_i^i$ 表示刚体质心 O_i 到外接铰 C_i 的矢量. 利用质心运动定理和式(6.15)可以得到

$$\boldsymbol{r}_0 = -\sum_{j=1}^{3} \left(\sum_{k=j}^{3} \frac{m_k}{m} \right) a_j \tag{6.16}$$

其中 $m = m_0 + m_1 + m_2 + m_3$,$\boldsymbol{a}_j = \boldsymbol{R}_{j-1} \boldsymbol{r}_{j-1}^{j-1} + \boldsymbol{R}_j \boldsymbol{r}_{j-1}^{j}$.

利用式(6.15)和(6.16),并考虑 $\widehat{\boldsymbol{Ra}} = \boldsymbol{R}\hat{\boldsymbol{a}}\boldsymbol{R}^{\mathrm{T}}$(符号"∧"表示矢量的反对称投影方阵),式(6.14)的第一项可简化为

$$\boldsymbol{H}_1 = \sum_{i=0}^{3} \boldsymbol{r}_i \times m_i \dot{\boldsymbol{r}}_i = \sum_{j=1}^{3} \sum_{k=1}^{3} c_{jk} \hat{\boldsymbol{a}}_j \dot{\boldsymbol{a}}_k \tag{6.17}$$

式中

$$c_{jk} = \begin{cases} \dfrac{1}{m} \Big(\displaystyle\sum_{i=0}^{j-1} m_i \Big) \Big(\displaystyle\sum_{i=k}^{3} m_i \Big), & j \leqslant k \\[4mm] \dfrac{1}{m} \Big(\displaystyle\sum_{i=0}^{k-1} m_i \Big) \Big(\displaystyle\sum_{i=j}^{3} m_i \Big), & k \leqslant j \end{cases}$$

$$\hat{a}_j = R_{j-1}\,\hat{r}_{j-1}^{j-1}R_{j-1}^{T} + R_j\,\hat{r}_{j-1}^{j}R_j^{T}$$

$$\dot{a}_k = -R_{j-1}\,\hat{r}_{j-1}^{j-1}\boldsymbol{\Omega}_{j-1} - R_j\,\hat{r}_{j-1}^{j}\boldsymbol{\Omega}_j$$

其中 $\boldsymbol{\Omega}_j$ 为相对于连体基的刚体角速度. 设 $R_j^{k} = R_k^{T}R_j$, 式(6.17)进一步简化为

$$H_1 = \sum_{i=0}^{3} r_i \times m_i \dot{r}_i = R \begin{bmatrix} k_{00} & k_{01} & k_{02} & k_{03} \\ k_{10} & k_{11} & k_{12} & k_{13} \\ k_{20} & k_{21} & k_{22} & k_{23} \\ k_{30} & k_{31} & k_{32} & k_{33} \end{bmatrix} \boldsymbol{\Omega}^{T} \quad (6.18)$$

式中: $R = [R_0 R_1 R_2 R_3]$, $\boldsymbol{\Omega} = [\boldsymbol{\Omega}_0^{T}\boldsymbol{\Omega}_1^{T}\boldsymbol{\Omega}_2^{T}\boldsymbol{\Omega}_3^{T}]$, 其中 K 矩阵各元素表达式分别为

$$k_{00} = c_{11}\hat{r}_0^{0\,T}R_0^{0}\hat{r}_0^{0} \qquad\qquad k_{01} = c_{11}\hat{r}_0^{0\,T}R_1^{0}\hat{r}_0^{1} + c_{12}\hat{r}_0^{0\,T}R_1^{0}\hat{r}_1^{1}$$

$$k_{02} = c_{12}\hat{r}_0^{0\,T}R_2^{0}\hat{r}_1^{2} + c_{13}\hat{r}_0^{0\,T}R_2^{0}\hat{r}_2^{2} \qquad k_{03} = c_{13}\hat{r}_0^{0\,T}R_3^{0}\hat{r}_2^{3}$$

$$k_{10} = c_{11}\hat{r}_0^{1\,T}R_0^{1}\hat{r}_0^{0} + c_{21}\hat{r}_1^{1\,T}R_0^{1}\hat{r}_0^{0}$$

$$k_{11} = c_{11}\hat{r}_0^{1\,T}R_1^{1}\hat{r}_0^{1} + c_{12}\hat{r}_0^{1\,T}R_1^{1}\hat{r}_1^{1} + c_{21}\hat{r}_1^{1\,T}R_1^{1}\hat{r}_0^{1} + c_{22}\hat{r}_1^{1\,T}R_1^{1}\hat{r}_1^{1}$$

$$k_{12} = c_{12}\hat{r}_0^{1\,T}R_2^{1}\hat{r}_1^{2} + c_{13}\hat{r}_0^{1\,T}R_2^{1}\hat{r}_2^{2} + c_{22}\hat{r}_1^{1\,T}R_2^{1}\hat{r}_1^{2} + c_{23}\hat{r}_1^{1\,T}R_2^{1}\hat{r}_2^{2}$$

$$k_{13} = c_{13}\hat{r}_0^{1\,T}R_3^{1}\hat{r}_2^{3} + c_{23}\hat{r}_1^{1\,T}R_3^{1}\hat{r}_2^{3}$$

$$k_{20} = c_{21}\hat{r}_1^{2\,T}R_0^{2}\hat{r}_0^{0} + c_{31}\hat{r}_2^{2\,T}R_0^{2}\hat{r}_0^{0}$$

$$k_{21} = c_{21}\hat{r}_1^{2\,T}R_1^{2}\hat{r}_0^{1} + c_{22}\hat{r}_1^{2\,T}R_1^{2}\hat{r}_1^{1} + c_{31}\hat{r}_2^{2\,T}R_1^{2}\hat{r}_0^{1} + c_{32}\hat{r}_2^{2\,T}R_1^{2}\hat{r}_1^{1}$$

$$k_{22} = c_{22}\hat{r}_1^{2\,T}R_2^{2}\hat{r}_1^{2} + c_{23}\hat{r}_1^{2\,T}R_2^{2}\hat{r}_2^{2} + c_{32}\hat{r}_2^{2\,T}R_2^{2}\hat{r}_1^{2} + c_{33}\hat{r}_2^{2\,T}R_2^{2}\hat{r}_2^{2}$$

$$k_{23} = c_{23}\hat{r}_1^{2\,T}R_3^{2}\hat{r}_2^{3} + c_{33}\hat{r}_2^{2\,T}R_3^{2}\hat{r}_2^{3}$$

$$k_{30} = c_{31}\hat{r}_2^{3\,T}R_0^{3}\hat{r}_0^{0} \qquad\qquad k_{31} = c_{31}\hat{r}_2^{3\,T}R_1^{3}\hat{r}_0^{1} + c_{32}\hat{r}_2^{3\,T}R_1^{3}\hat{r}_1^{1}$$

$$k_{32} = c_{32}\hat{r}_2^{3\,T}R_2^{3}\hat{r}_1^{2} + c_{33}\hat{r}_2^{3\,T}R_2^{3}\hat{r}_2^{2} \qquad k_{33} = c_{33}\hat{r}_2^{3\,T}R_3^{3}\hat{r}_2^{3}$$

利用矢量关系式 $\boldsymbol{\rho}_i = \boldsymbol{R}_i \boldsymbol{v}_i$，并考虑 $\hat{\boldsymbol{R a}} = \boldsymbol{R} \hat{\boldsymbol{a}} \boldsymbol{R}^{\mathrm{T}}$，式(6.14)第二项可写成：

$$\boldsymbol{H}_2^i = \int_m \boldsymbol{R}_i \hat{\boldsymbol{v}}_i \boldsymbol{R}_i^{\mathrm{T}} \hat{\boldsymbol{\omega}}_i \boldsymbol{R}_i \boldsymbol{v}_i \,\mathrm{d}m \qquad (6.19)$$

由于 $\boldsymbol{\Omega}_i = \boldsymbol{R}_i^{\mathrm{T}} \boldsymbol{\omega}_i$ 以及 $\hat{\boldsymbol{\Omega}}_i = \boldsymbol{R}_i^{\mathrm{T}} \hat{\boldsymbol{\omega}}_i \boldsymbol{R}_i$，式(6.19)可以进一步简化为下列形式

$$\boldsymbol{H}_2^i = \boldsymbol{R}_i \boldsymbol{I}_i \boldsymbol{\Omega}_i \qquad (6.20)$$

式中 $\boldsymbol{I}_i$ 为分体相对于系统质心惯量矩. 考虑整个系统,则有

$$\boldsymbol{H}_2 = \sum_{i=0}^3 \boldsymbol{H}_2^i = \boldsymbol{R} \boldsymbol{I} \boldsymbol{\Omega}^{\mathrm{T}} \qquad (6.21)$$

式中 $\boldsymbol{I} = \operatorname{diag}(I_0, I_1, I_2, I_3)$. 由式(6.18)和(6.21)导出带空间机械臂的航天器系统总动量矩为

$$\boldsymbol{H} = \boldsymbol{H}_1 + \boldsymbol{H}_2 = \boldsymbol{R}(\boldsymbol{K} + \boldsymbol{I}) \boldsymbol{\Omega}^{\mathrm{T}} \qquad (6.22)$$

设空间机械臂关节为圆柱铰联接,关节角速度可写为 $\tilde{\boldsymbol{\omega}}_i = \boldsymbol{b}_i \dot{\boldsymbol{\theta}}_i$，其中 $\theta_i (i = 1, 2, 3)$ 为关节铰的转动角度,刚体角速度 $\boldsymbol{\Omega}_i$ 之间存在如下关系[142]

$$\boldsymbol{\Omega}_i = (\boldsymbol{R}_i^{i-1})^{\mathrm{T}} \boldsymbol{\Omega}_{i-1} + \tilde{\boldsymbol{\omega}}_i (i = 1, 2, 3) \qquad (6.23)$$

引入 Rodrigues 参数[159],角速度 $\boldsymbol{\Omega}_0$ 可以表示为

$$\boldsymbol{\Omega}_0 = \boldsymbol{B} \dot{\gamma} = \frac{1}{1 + (\gamma)^2} \begin{bmatrix} 1 & \gamma_3 & -\gamma_2 \\ -\gamma_3 & 1 & \gamma_1 \\ \gamma_2 & -\gamma_1 & 1 \end{bmatrix} \dot{\gamma} \qquad (6.24)$$

式中 $\gamma_1, \gamma_2, \gamma_3$ 为 Rodrigues 参数.

设空间机械臂系统初始动量矩为零,取空间机械臂各关节铰相对转动的角速度 $\dot{\theta}_i (i = 1, 2, 3)$ 为控制输入,记作 $\boldsymbol{u} = \begin{bmatrix} \dot{\theta}_1 & \dot{\theta}_2 \end{bmatrix}$

$\dot{\theta}_3]^T$,并设 $\boldsymbol{q} = [\theta_1 \quad \theta_2 \quad \theta_3 \quad \gamma]^T$. 将式(6.23)和(6.24)代入式(6.22),得到带空间机械臂航天器姿态运动的非完整控制系统为

$$\dot{\boldsymbol{q}} = \boldsymbol{G}(\boldsymbol{q})\boldsymbol{u} \qquad (6.25)$$

式中 $\quad \boldsymbol{G}(\boldsymbol{x}) = \begin{bmatrix} \boldsymbol{I}_{3\times 3} \\ -\boldsymbol{B}^{-1}\boldsymbol{Q}_0^{-1}[\boldsymbol{Q}_1\boldsymbol{b}_1 \quad \boldsymbol{Q}_2\boldsymbol{b}_2 \quad \boldsymbol{Q}_3\boldsymbol{b}_3] \end{bmatrix}$

其中 $\boldsymbol{b}_1 = [0 \quad 0 \quad 1]^T$, $\boldsymbol{b}_2 = \boldsymbol{b}_3 = [1 \quad 0 \quad 0]^T$, $\boldsymbol{Q}_i(i = 0, 1, \cdots, 3)$ 的表达式分别为

$$\begin{aligned} \boldsymbol{Q}_0 = & (k_{00} + \boldsymbol{I}_0)\boldsymbol{R}_0 + k_{10}\boldsymbol{R}_1 + k_{20}\boldsymbol{R}_2 + k_{30}\boldsymbol{R}_3 + (k_{01}\boldsymbol{R}_0 + (k_{11} + \boldsymbol{I}_1) \\ & \boldsymbol{R}_1 + k_{21}\boldsymbol{R}_2 + k_{31}\boldsymbol{R}_3)\boldsymbol{R}_1^0 + (k_{02}\boldsymbol{R}_0 + k_{12}\boldsymbol{R}_1 + (k_{22} + \boldsymbol{I}_2)\boldsymbol{R}_2 + \\ & k_{32}\boldsymbol{R}_3)\boldsymbol{R}_2^0 + (k_{03}\boldsymbol{R}_0 + k_{13}\boldsymbol{R}_1 + k_{23}\boldsymbol{R}_2 + (k_{33} + \boldsymbol{I}_3)\boldsymbol{R}_3)\boldsymbol{R}_3^0 \end{aligned}$$

$$\begin{aligned} \boldsymbol{Q}_1 = & k_{01}\boldsymbol{R}_0 + (k_{11} + \boldsymbol{I}_1)\boldsymbol{R}_1 + k_{21}\boldsymbol{R}_2 + k_{31}\boldsymbol{R}_3 + (k_{02}\boldsymbol{R}_0 + k_{12}\boldsymbol{R}_1 + \\ & (k_{22} + \boldsymbol{I}_2)\boldsymbol{R}_2 + k_{32}\boldsymbol{R}_3)\boldsymbol{R}_2^1 + (k_{03}\boldsymbol{R}_0 + k_{13}\boldsymbol{R}_1 + k_{23}\boldsymbol{R}_2 + \\ & (k_{33} + \boldsymbol{I}_3)\boldsymbol{R}_3)\boldsymbol{R}_3^1 \end{aligned}$$

$$\begin{aligned} \boldsymbol{Q}_2 = & k_{02}\boldsymbol{R}_0 + k_{12}\boldsymbol{R}_1 + (k_{22} + \boldsymbol{I}_2)\boldsymbol{R}_2 + k_{32}\boldsymbol{R}_3 + (k_{03}\boldsymbol{R}_0 + k_{13}\boldsymbol{R}_1 + \\ & k_{23}\boldsymbol{R}_2 + (k_{33} + \boldsymbol{I}_3)\boldsymbol{R}_3)\boldsymbol{R}_3^2 \end{aligned}$$

$$\boldsymbol{Q}_3 = k_{03}\boldsymbol{R}_0 + k_{13}\boldsymbol{R}_1 + k_{23}\boldsymbol{R}_2 + (k_{33} + \boldsymbol{I}_3)\boldsymbol{R}_3$$

6.4 仿真算例

本节根据 6.2 中提出的非完整运动规划的遗传算法,结合 6.3 中导出的空间机械臂模型对自由漂浮的空间机械臂三维姿态运动规划进行仿真试验. 然后以第五章中的欠驱动航天器和带太阳帆板航天器作为例子,利用遗传算法对其姿态运动优化控制问题进行仿真试验并于第五章方法对比验证.

6.4.1 空间机械臂应用实例[160,161]

问题：给定空间机械臂系统初始位形 $\boldsymbol{q}_0 = (\theta_{01}, \theta_{02}, \theta_{03}, \gamma_0)^{\mathrm{T}} \in \mathfrak{R}^6$ 和末端位形 $\boldsymbol{q}_f = (\theta_{f1}, \theta_{f2}, \theta_{f3}, \gamma_f)^{\mathrm{T}} \in \mathfrak{R}^6$，寻找控制输入 $\boldsymbol{u}(t) \in \mathfrak{R}^3$，$t \in [0, T]$ 在最小能量耗散情况下，使系统在给定时间 T，从初始位形 $\boldsymbol{q}_0$ 到达末端位形 $\boldsymbol{q}_f$．

以 6 自由度空间机械臂系统作为算例(见图 6.4). 设系统质量几何参数为[37]

$$m_0 = 42.412 \text{ kg}, \ m_1 = 2.29 \text{ kg},$$

$$m_2 = 0.225 \text{ kg}, \ m_3 = 1.018 \text{ kg},$$

$$\boldsymbol{I}_0 = \text{diag}(0.212\,06, 0.989\,6, 0.989\,6),$$

$$\boldsymbol{I}_1 = \text{diag}(0.176\,92, 0.176\,92, 0.010\,306),$$

$$\boldsymbol{I}_2 = \text{diag}(0.191\,488, 0.191\,488, 0.000\,012\,723\,5),$$

$$\boldsymbol{I}_3 = \text{diag}(0.007\,735\,86, 0.007\,735\,86, 0.000\,203\,575).$$

遗传算法的控制参数分别为

定标系数 $k = 0.5$，群体规模 $M = 60$，染色体长度 $N = 21$，交叉概率 $P_c = 0.8$，定标系数 $k = 0.5$，变异概率 $P_m = 0.15$，进化代数 $R = 2\,000$. 设载体与机械臂完成位形转换时间为 $T = 5$ s. 在仿真试验中，选取 21 个 Fourier 正交基矢量，其中 $\{\boldsymbol{e}_i(t)\}_{i=1}^{7}$ 为

$$\boldsymbol{e}_1 = \begin{bmatrix} 0.5 \\ 0 \\ 0 \end{bmatrix} \quad \boldsymbol{e}_2 = \begin{bmatrix} \sin t \\ 0 \\ 0 \end{bmatrix} \quad \boldsymbol{e}_3 = \begin{bmatrix} \cos t \\ 0 \\ 0 \end{bmatrix} \quad \boldsymbol{e}_4 = \begin{bmatrix} \sin 2t \\ 0 \\ 0 \end{bmatrix}$$

$$\boldsymbol{e}_5 = \begin{bmatrix} \cos 2t \\ 0 \\ 0 \end{bmatrix} \quad \boldsymbol{e}_6 = \begin{bmatrix} \sin 3t \\ 0 \\ 0 \end{bmatrix} \quad \boldsymbol{e}_7 = \begin{bmatrix} \cos 3t \\ 0 \\ 0 \end{bmatrix} \tag{6.26}$$

$\{\boldsymbol{e}_i(t)\}_{i=8}^{14}$ 和 $\{\boldsymbol{e}_i(t)\}_{i=15}^{21}$ 分别由上式各个基矢量行轮换得到．

　　空间机械臂系统与载体相连的第一杆由初始位形 $-\pi/2$ 转动 π 角度到达目标位形 $\pi/2$，载体与其他杆件的初始姿态和终端姿态保持不变（见图 6.5~6.6）. 设系统的初始位形和末端位形分别为

$$\boldsymbol{q}_0 = \begin{bmatrix} -\pi/2 & \pi/2 & 0.5 & 1 & 1 & 1 \end{bmatrix}^{\mathrm{T}}$$

$$\boldsymbol{q}_f = \begin{bmatrix} \pi/2 & \pi/2 & 0.5 & 1 & 1 & 1 \end{bmatrix}^{\mathrm{T}}$$

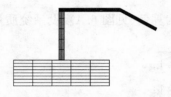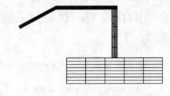

　　图 6.5　空间机械臂初始位形　　　图 6.6　空间机械臂终端位形

其中空间机械臂的载体姿态用 Rodrigues 参数表示. 将以上参数和条件代入 6.2 遗传算法中，得到载体姿态和机械臂关节角的优化轨线以及机械臂关节最优控制输入. 经 2 000 代进化计算，目标函数值为 $J(\alpha) = 5.4812$，末端位形精度达到 10^{-3}.

　　仿真结果如图 6.7~6.9 所示. 图 6.7 为空间机械臂关节角 θ_i $(i = 1, \cdots, 3)$ 运动的优化轨迹. 图 6.8 为航天器载体姿态 $\gamma_i(i = 1, \cdots, 3)$ 优化轨迹，曲线两端点为系统初始和终端位形. 图 6.9 为空间机械臂各关节相对转动的最优控制输入信号 $u_i(i = 1, \cdots, 3)$.

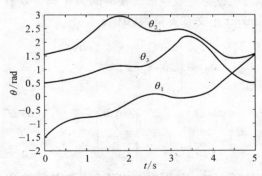

图 6.7　空间机械臂关节角运动优化轨迹

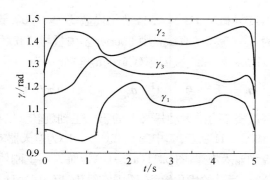

图 6.8　航天器载体姿态优化轨迹

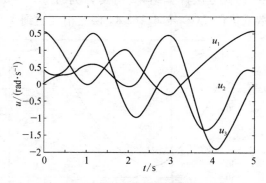

图 6.9　空间机械臂相对转动的最优控制输入规律

　　从以上仿真试验算例可以看出,本文提出的基于遗传算法的最优运动规划数值方法,可以解决具有非完整约束的空间机械臂系统运动规划问题,即利用空间机械臂的关节运动实现载体的姿态改变,从而使载体和机械臂同时达到目标位形.

6.4.2　欠驱动航天器应用实例[162]

　　以第五章中带有两个动量飞轮航天器为例,航天器系统质量几何参数参见第五章算例 1.遗传算法控制参数设为

　　群体规模 $M = 32$,染色体长度 $N = 10$,定标系数 $k = 0.5$,交换概

率 $P_c = 0.9$,变异概率 $P_m = 0.1$,进化代数 $R = 5\,000$.设系统完成姿态转换时间为 $T = 5\,s$,仿真试验中 Fourier 基矢量与第五章算例 1 相同.

航天器系统初始和终端姿态(Carden 角)分别为

$$\boldsymbol{q}_0 = \begin{bmatrix} 0 & 0 & 0 \end{bmatrix}^T, \boldsymbol{q}_f = \begin{bmatrix} 0 & 0 & \pi/6 \end{bmatrix}^T$$

其中航天器终端姿态为沿无动量飞轮的第三主轴旋转 $\pi/6$ 得到.仿真结果如图 6.10 和图 6.11 所示.其中图 6.10(a)~(b)为航天器动量飞轮相对转动的最优控制输入规律,图 6.11(a)~(c)为航天器主刚体从初始姿态 $\boldsymbol{q}_0$ 到末端姿态 $\boldsymbol{q}_f$ 运动的优化轨线.图中实线为遗传算法计算的结果,虚线为高斯-牛顿迭代方法计算结果.仿真算例通过 5 000 代进化运算得到目标函数最优值 $J(\alpha) = 6.162\,4$,误差精度达到 10^{-3}.

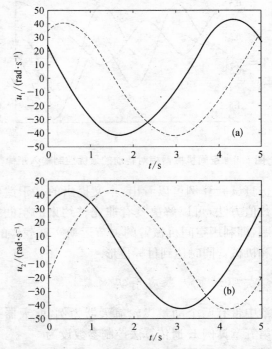

图 6.10 动量飞轮相对航天器转动的最优控制输入规律

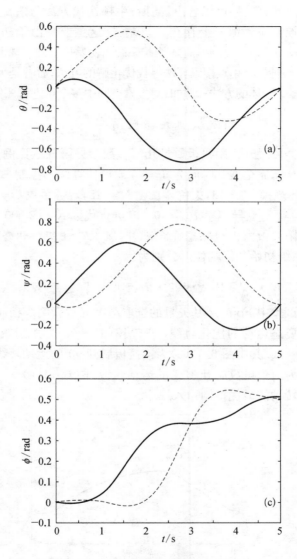

图 6.11 航天器姿态运动优化轨迹

从仿真计算结果可以看出,高斯-牛顿迭代方法与遗传算法在优化轨迹和控制输入信号上存在一定差异. 这主要是由于初值的不同形式和算法上的差异所致,但不影响系统由初始位形到达规定的末端位形. 前者是一种属于单点搜索算法寻找优化解的方法;后者是采用同时处理群体中多个个体的方法,即同时对搜索空间中多个解进行评估.

6.4.3 带太阳帆板航天器应用实例

航天器可展开太阳帆板质量几何参数参见第五章算例 2,太阳帆板由折叠状态完全展开时间为 $T = 5$ s. 遗传算法的控制参数分别选择为:群体规模 $M = 48$,染色体长度 $N = 15$,定标系数 $k = 0.5$,交换概率 $P_c = 0.8$,变异概率 $P_m = 0.06$,进化代数 $R = 2\,000$.

设太阳帆板由折叠状态完全展开,航天器在初始和终端保持姿态不变,系统初始和终端位形分别为

$$\boldsymbol{q}_0 = \begin{bmatrix} 0, & 0, & 0, & 0 \end{bmatrix}^T, \ \boldsymbol{q}_f = \begin{bmatrix} 0, & \pi/2, & \pi, & \pi \end{bmatrix}^T$$

仿真试验中 Fourier 基矢量的选取与第五章算例 2 相同. 图 6.12 为航天器姿态运动的优化轨线,图 6.13(a)~(c) 为太阳帆板展开运动的优化轨线. 其中图 6.13(a) 为连接板展开 90°的运动轨线,图 6.13(b)~(c) 为两个帆板展开 180°的运动轨线. 图 6.14(a)~(c) 为太阳帆板相对转动的最优控制输入规律.

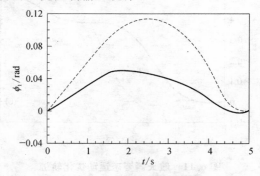

图 6.12 航天器姿态优化轨线

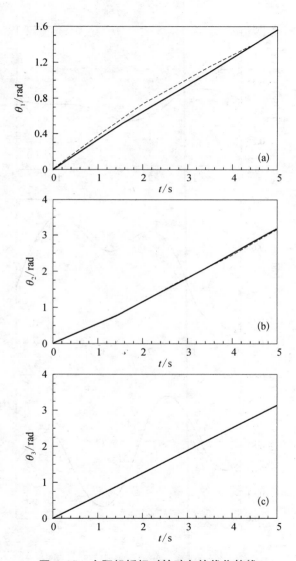

图 6.13 太阳帆板相对转动角的优化轨线

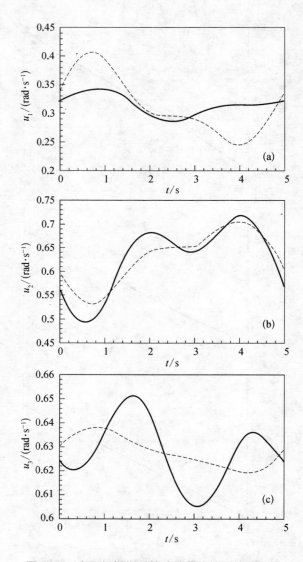

图 6.14　太阳帆板相对转动的最优控制输入规律

图中实线为遗传算法计算结果,虚线为高斯-牛顿迭代计算结果[163].遗传算法经过 2 000 代进化计算,其指标函数达到 $J(\alpha) = 1.756\,2$,误差精度为 10^{-3}.

6.5   本章小结

对遗传算法及其在非完整运动规划的应用进行了研究.将其引入非完整运动规划中,提出了基于遗传算法的非完整运动规划的最优控制数值方法.在遗传算法中采用了实数编码、最优个体保护、交叉与变异的自适应等措施,目的以提高算法的运算效率和求解精度以及增强算法的搜索能力和全局优化性能.利用动量矩守恒原理,导出带空间机械臂的航天器三维姿态运动模型,该模型经转换化为非完整控制系统方程.通过对空间机械臂、欠驱动航天器和带太阳帆板航天器三个算例的仿真实施过程,表明了遗传算法对解决多体航天器姿态的非完整运动规划问题是有效的.

遗传算法求解非完整运动规划问题时,先用目标函数确定遗传算法的适应度函数,然后设置合适的算法控制参数及遗传策略.在算法进行过程中不必借助导数或梯度等信息,对目标函数的连续性要求也低,运算中不会出现病态.遗传算法中采用实数编码尽管在理论上没有二进制编码成熟,但对于研究多个实参数优化问题,从方法的实现和计算精度考虑,实数编码仍不失为一种更好的选择.另外,遗传算法思路清晰,实施过程比高斯-牛顿迭代法及梯度方法要容易.因此,遗传算法为多体航天器系统的非完整运动规划与控制设计提供了一种可行和实用的方法.

第七章 基于小波分析的非完整运动规划方法

7.1 小波分析概述

小波分析是近年来国际上一个热门的研究领域[164,165]，它是由 Fourier 分析发展起来的一种新的数学方法，它同时具有理论深刻和应用广泛的双重意义. 小波分析给许多相关领域带来了崭新的思想，提供了强有力的工具，在科技界引起了广泛的关注和高度的重视. 它既包含有丰富的数学理论，又是工程应用中强有力的方法和工具. 小波分析的发展推动着许多其他学科和领域的发展，使得其本身具有了多学科相互结合、相互渗透的特点. 探讨小波的新理论、新方法以及新应用已成为当前科学和工程界一个非常活跃和富有挑战性的研究领域. 由于小波基是由一个小波函数 $\psi(t)$ 经过平移和伸缩得到的，因此具有简单、灵活、随意的特性，又具有多分辨分析的功能. 本章利用小波分析方法，对第五章中非完整运动控制输入函数进行分析和研究，采用小波基替代传统的 Fourier 分析中的三角函数基以确定非完整运动规划的控制输入信号.

所谓小波分析，从数学角度看，它属于调和分析范畴[166]，从事计算数学的工作者将它看做是一种近似计算的方法，用于某一函数在特定空间内按照小波基展开和逼近；从工程角度看，小波分析是一种信号与信息处理的工具，是继 Fourier 分析之后的又一有效的时频分析方法. 它为诸多应用领域提供了一种新的更为优越和方便的分析工具. 小波变换作为一种新的多分辨分析方法，可同时进行时域和频域分析，具有时频局部化和多分辨特性，因此特别适合于处理非平稳信号. 小波分析与其他分析（如傅氏分析、有限元分析等）一样，都是用特殊的基函数来展开和研究一个任意函数. 在傅氏分析中用的是三角基，而在小波分析中，小波基是经特殊方法构造出来的.

通常，自然科学中的研究对象大多属于无穷维的函数空间，研究和计算都比较复杂和困难. 无穷维的函数空间在实际工作中常常用有限维的子空间来代替. 如何构造子空间的问题也就是如何选择基的问题，不同的基可以形成不同的子空间，也就构成了不同的数值分析方法.

构造子空间后，存在两个逼近问题：一是子空间逼近原空间的问题，二是原空间中的研究对象如何在子空间中找到逼近元的问题. 于是引出了一系列近似计算、数值逼近等理论. 工程科学中常用的有 Fourier 子空间、有限元子空间、切比雪夫子空间以及新发展起来的小波子空间等. 构造过程的本身可以证明它们对原空间的逼近.

根据泛函中的投影定理可知[167]，逼近最好的元素就是投影. 因此也可以说，函数空间中的投影定理就是各种数值分析方法求最佳逼近的共同的总框架. 如在第五章中运用的 Fourier 分析，取 e_1，e_2，$\cdots$，e_n 为三角基，则张成的 $\boldsymbol{\Phi}$ 为 Fourier 子空间，函数在 n 维 Fourier 子空间上的投影就是 Fourier 级数中前 n 项部分和. 在本章中将利用小波分析讨论函数空间 $L^2(\mathfrak{R})$ 中的近似计算和数值逼近问题，通过特定的方法将构造出来的小波基张成小波子空间序列，然后将研究对象投影到不同分辨率的小波子空间序列上进行逼近. 与Fourier 分析一样，函数 $f(t)$ 用小波级数展开，其前 n 项部分和就是函数 $f(t)$ 在 n 维小波子空间上的投影. 也就是 $f(t)$ 在小波意义下的最佳逼近元. 这里先介绍小波的基本概念，在下一节中简要介绍小波级数、构造小波基的多分辨分析和 Daubechies 小波以及基于小波逼近的运动规划算法.

定义　设 $\psi(t) \in L^2(\mathfrak{R})$，$\psi_{m,n}(t) = 2^{-m/2}\psi(2^{-m}t - n)$. $\{\psi_{m,n}\}_{m,n \in Z}$

成为 $L^2(\mathfrak{R})$ 的标准正交基,则称这样的函数 $\psi(t)$ 为正交小波,$\{\psi_{m,n}\}_{m,n\in Z}$ 为正交小波基,称 $W_m = \text{span}\{\psi_{m,n}\}_{m,n\in Z}$ 为小波子空间.

由于 $\{\psi_{m,n}\}_{m,n\in Z}$ 构成了 $L^2(\mathfrak{R})$ 的规范正交基,小波子空间序列直交和的极限就是 $L^2(\mathfrak{R})$,此时,等于将 $L^2(\mathfrak{R})$ 作了直交分解. 于是,$L^2(\mathfrak{R})$ 中的函数可用小波级数来表示,通过小波变换可以求得小波系数,也可由小波滤波器直接推算得到.

7.2 多分辨分析与小波逼近算法

7.2.1 小波变换与多分辨分析

在构造小波基中,一般有两种途径:一是直接构造基函数,验证它们满足基的条件;二是空间分解的方法. 将空间按一定的规律分解为具有特定性质的子空间序列,然后按特性找出子空间的基来合成全空间的基. 第二种空间分解的方法,形成了构造小波基的一般框架——多分辨分析(或称多尺度分析).

1989 年,Mallat 与 Merey 首先推出了多分辨分析[168]. 多分辨分析通过特殊的空间分解,巧妙地构造小波基. 它把全空间 $L^2(\mathfrak{R})$ 按分辨率 $2^{-m/2}$ 先分解成一串嵌套的闭子空间序列 $\{V_m\}_{m\in z}$,然后通过正交补的塔式分解,再将 $L^2(\mathfrak{R})$ 分解成一串正交小波子空间序列 $\{W_m\}_{m\in z}$,最后将函数 $f(t) \in L^2(\mathfrak{R})$ 分别投影分解到不同分辨率的小波子空间序列 $\{W_m\}$ 上进行分析和研究.

由于小波基 $\psi_{m,n}(t)$ 构成 $L^2(\mathfrak{R})$ 的规范正交基,则任一函数 $f(t) \in L^2(\mathfrak{R})$ 都可用小波基展开为小波级数,即可以对任一函数 $f(t)$ 进行任意精度的近似表示

$$f(t) = \sum_{m=-\infty}^{\infty} \sum_{n=-\infty}^{\infty} D_{m,n}\psi_{m,n}(t) \qquad (7.1)$$

这种小波级数展开式因为伸缩参数 m 和平移参数 n 均可在 $\pm\infty$ 取值,所以是双重求和. 系数 $D_{m,n}$ 可通过 $f(t)$ 与 $\psi_{m,n}(t)$ 的内积计算

$$D_{m,n} = \int f(t)\psi_{m,n}(t)\,\mathrm{d}t \qquad (7.2)$$

式(7.2)的积分形式被称为 $f(t)$ 的离散小波积分变换. 所以 $f(t)$ 的小波级数中的小波系数就是相应离散小波积分变换的值.

在自然界和工程技术中经常遇到复杂而瞬变的信号,不过它们无论在时间域还是在频率域都可以分解成慢变部分(低频)和瞬变部分(高频)的叠加. 用尺度的观点分析各种信号时,超过某一特定尺度(例如 m_0)后,细部特征就不再起作用,这时可将式(7.1)以尺度 m_0 为界限而分成两部分,m_0 以下各尺度作为细化特征的近似,m_0 以上各尺度用于基本特征的提取. 于是,式(7.1)可以改写为[165]

$$f(t) = \sum_{m=m_0+1}^{\infty}\sum_{n=-\infty}^{\infty} D_{m,n}\psi_{m,n}(t) + \sum_{m=-\infty}^{m_0}\sum_{n=-\infty}^{\infty} D_{m,n}\psi_{m,n}(t) \quad (7.3)$$

式中要求小波基函数 $\psi_{m,n}(t)$ 的级数展开式系数

$$D_{m,n} = \int_{-\infty}^{\infty} f(t)\varphi(t)\,\mathrm{d}t = \int_{-\infty}^{\infty} \varphi(t)\,\mathrm{d}t = 1 \qquad (7.4)$$

式(7.3)右端第一部分用尺度函数 $\varphi_{m,n}(t)$ 的线性组合来代替,即

$$\sum_{m=m_0+1}^{\infty}\sum_{n=-\infty}^{\infty} <f, \psi_{m,n}> \psi_{m,n} \rightarrow \sum_{n=-\infty}^{\infty} <f, \varphi_{m,n}> \varphi_{m_0,n}(t)$$

$$(7.5)$$

式(7.5)表示在某一尺度 m_0 之下用尺度函数 $\varphi_{m,n}(t)$ 来代替正交小波 $\varphi_{m,n}(t)$,通过 $\varphi_{m,n}(t)$ 在固定尺度 m_0 下的平移给出 $f(t)$ 的基本特征. 尺度函数 $\varphi_{m,n}(t)$ 定义为

$$\varphi_{m,n}(t) = 2^{-m/2}\varphi(2^{-m}t - n) \qquad (7.6)$$

显然在伸缩 m 之下平移是正交的. 由式(7.3)和式(7.5)得到一个新的小波级数展开式

$$f(t) = \sum_{n=-\infty}^{\infty} <f, \varphi_{m_0, n}> \varphi_{m_0, n}(t) +$$

$$\sum_{m=-\infty}^{m_0} \sum_{n=-\infty}^{\infty} <f, \psi_{m, n}> \psi_{m, n}(t) \qquad (7.7)$$

上式右边第一部分自然就是被分析的函数 $f(t)$ 的尺度为 2^{-m_0} 的"模糊的像";第二部分是对 $f(t)$ 所作的细节补充,尺度从 $-\infty$ 到 m_0,每次的平移时间步长为 2^{-m}.

由式(7.7)表明,尺度大于 2^{m_0} 的过程 $f(t)$ 的全部特性可以通过尺度函数 $\varphi(t)$ 以固定标尺 2^{m_0} 对整个 n 平移形成的线性组合来近似表示. 用 $P_{m_0} f(t)$ 表示该近似式,即

$$P_{m_0} f(t) = \sum_{n=-\infty}^{\infty} <f, \varphi_{m_0, n}> \varphi_{m_0, n}(t) \qquad (7.8)$$

定义

$$Q_m f(t) \equiv \sum_{n=-\infty}^{\infty} <f, \psi_{m, n}> \psi_{m, n}(t) \qquad (7.9)$$

于是式(7.7)变成

$$f(t) = P_{m_0} f(t) + \sum_{m=-\infty}^{m_0} Q_m f(t) \qquad (7.10)$$

因为 m_0 是任意的,所以可以得到

$$f(t) = P_{m_0-1} f(t) + \sum_{m=-\infty}^{m_0-1} Q_m f(t) \qquad (7.11)$$

将上面的两式相减可得

$$P_{m_0-1} f(t) = P_{m_0} f(t) + Q_{m_0} f(t) \qquad (7.12)$$

这个方程刻画了正交小波分解的基本结构,其中 $P_{m_0} f(t)$ 包含了尺度大于 2^{m_0} 的有关 $f(t)$ 特性的全部信息. 从式(7.12)中明显得到,

当尺度从 2^{m_0} 移到下一个更小的尺度 2^{m_0-1} 时,对 $P_{m_0}f(t)$ 来说就是增加了由 $Q_{m_0}f(t)$ 给出的一些细节.

7.2.2 Daubechies 小波基的构造[169]

由多分辨分析给出尺度函数 $\varphi(t)$ 与小波函数 $\psi(t)$ 的双尺度差分方程为

$$\begin{cases} \varphi(t) = \sqrt{2}\sum_{n=0}^{2N-1} h_n \varphi(2t-n) \\ \psi(t) = \sqrt{2}\sum_{n=0}^{2N-1} g_n \psi(2t-n) \end{cases} \tag{7.13}$$

其中 h_n 与 g_n 通过 $\varphi(t)$ 与 $\psi(t)$ 之间的正交条件下可以得到关系式

$$g_n = (-1)^n h_{2N-n+1} \quad n = 0, 1, \cdots, 2N-1 \tag{7.14}$$

对式(7.13)的第一式的 Fourier 变换

$$\hat{\varphi}(2\omega) = H(\omega)\hat{\varphi}(\omega) , \ H(\omega) = \sum_n h_n \mathrm{e}^{-\mathrm{i}n\omega}$$

其中滤波函数 $H(\omega)$ 为三角多项式,系数 $\{h_n\}$ 为实数,$H(\omega)$ 可表示为如下形式

$$H(\omega) = \left(\frac{1+\mathrm{e}^{-\mathrm{i}\omega}}{2}\right)^N Q(\mathrm{e}^{-\mathrm{i}\omega}) \tag{7.15}$$

当 $N=1$ 时,有

$$\left.\begin{array}{l} H(\omega) = (1+\mathrm{e}^{-\mathrm{i}\omega})/2 = \mathrm{e}^{-\mathrm{i}n\omega}\cos\pi\omega \\ H(\omega+\pi) = (1-\mathrm{e}^{-\mathrm{i}\omega})/2 = \mathrm{e}^{-\mathrm{i}n\omega}\sin\pi\omega \end{array}\right\} \tag{7.16}$$

考虑 $N \geqslant 2$ 时的情形,引入记号 $C(\omega)$ 和 $S(\omega)$,分别定义如下

$$C(\omega) \equiv \cos\pi\omega = \frac{\mathrm{e}^{\frac{\mathrm{i}\omega}{2}}+\mathrm{e}^{-\frac{\mathrm{i}\omega}{2}}}{2} ,$$

$$S(\omega) \equiv \sin \pi \omega = \frac{e^{\frac{i\omega}{2}} + e^{-\frac{i\omega}{2}}}{2} \qquad (7.17)$$

显然, $C^2(\omega) + S^2(\omega) = 1$, 因而可得到

$$1 = (C^2 + S^2)^{2N-1} = \sum_{k=0}^{2N-1} \binom{2N-1}{k} C^{4N-2-2k} S^{2k} \qquad (7.18)$$

式中 $\binom{M}{k} = \dfrac{M!}{k!(M-k)!}$ 是二项式系数. 上式右端共有 $2N$ 项, 令 $P_N(C)$ 表示前 N 项之和并且为 $(4N-2)$ 阶多项式, 注意到 $S^2 = 1 - C^2$, 则有

$$P_N(C) \equiv \sum_{k=0}^{N-1} \binom{2N-1}{k} C^{4N-2-2k} (1-C^2)^k \geqslant 0 \qquad (7.19)$$

由于 $|H(\omega)|^2 + |H(\omega+\pi)|^2 = 1$, 如果令 $|H(\omega)|^2 = P_N(C)$, 那么 $|H(\omega+\pi)|^2$ 就表示式 (7.18) 的后 N 项之和. 则式 (7.19) 可以写成

$$P_N(C) = C^{2N} \omega_N(\xi) = \left| \frac{1+e^{-i\omega}}{2} \right|^{2N} \omega_N(\xi) \qquad (7.20)$$

其中

$$\omega_N(S) = \sum_{k=0}^{N-1} \binom{2N-1}{k} (1-S^2)^{N-1-k} S^{2k} \geqslant 0 \qquad (7.21)$$

且有 $\omega_N(0) = 1$, 而 $H(\omega)$ 则是 $P_N(C)$ 的平方根, 即

$$Q(e^{-i\omega}) = \sum_{n=0}^{N-1} q_n e^{-in\omega}, \quad |Q(e^{-i\omega})|^2 = \omega_N(S) \qquad (7.22)$$

易见 $Q(1) = H(0) = 1$, 这与 $\omega_N(0) = 1$ 一致. 通过以上关系式很容易构造出 $Q(e^{-i\omega})$ 的具体表达式. 以 $N = 2$ 为例来说明.

由式 (7.21) 可得

$$\omega_2(S) = 1 + 2S^2 = 2 - \frac{e^{-i\omega} + e^{i\omega}}{2}$$

$Q(e^{-i\omega})$ 只能是一阶多项式,设 $Q(e^{-i\omega}) = a + be^{-i\omega}$,$a,b \in \Re$,根据 $|Q(e^{-i\omega})|^2 = \omega_2(S)$ 进一步得出如下关系

$$a^2 + b^2 = 2, \quad 2ab = -1 \Rightarrow (a+b)^2 = 1, \quad (a-b)^2 = 3$$

由 $Q(1) = 1$ 得知 $a + b = 1$,以此来确定上面平方根的正、负号.

$$Q_\pm(e^{-i\omega}) = \frac{1}{2}\left[(1\pm\sqrt{3}) + (1\mp\sqrt{3})e^{-i\omega}\right] \tag{7.23}$$

将式(7.23)代入(7.15)得到 Daubechies 滤波函数 $H(\omega)$ 在 $N = 2$ 时的解析表达式

$$H_\pm(\omega) = \frac{1}{2}\left(\frac{1+e^{-i\omega}}{2}\right)^2\left[(1\pm\sqrt{3}) + \right.$$

$$\left.(1\mp\sqrt{3})e^{-i\omega}\right] = \frac{1}{2}\sum_{n=0}^{3} h_n e^{-in\omega} \tag{7.24}$$

将 $a = (1+\sqrt{3})/2$ 及 $b = (1-\sqrt{3})/2$ 代入上式可以求得尺度函数的系数

$$h_0 = \frac{1+\sqrt{3}}{4}, \quad h_1 = \frac{3+\sqrt{3}}{4},$$

$$h_2 = \frac{3-\sqrt{3}}{4}, \quad h_3 = \frac{1-\sqrt{3}}{4}$$

将 $h_i(i = 0, \cdots, 3)$ 的值代入式(7.13)的第一式,有

$$\begin{bmatrix} h_1 & h_0 \\ h_3 & h_2 \end{bmatrix}\begin{bmatrix} \varphi(1) \\ \varphi(2) \end{bmatrix} = \begin{bmatrix} \varphi(1) \\ \varphi(2) \end{bmatrix}$$

同时注意到规范化条件 $\sum_k \varphi(k) = 1$,得到尺度函数 $\varphi(t)$ 在 $N = 2$ 时

的唯一解.

$$\varphi(1) = \frac{1+\sqrt{3}}{2} \quad \varphi(2) = \frac{1-\sqrt{3}}{2}$$

双尺度差分方程则用来确定 $\varphi(t)$ 在 $\varphi(2t-k)$ 上的值,例如

$$\varphi(0.5) = \sum_{k=0}^{3} h_k \varphi(1-k) = h_0 \varphi(1) = (2+\sqrt{3})/4 = 0.933$$

$$\varphi(1.5) = \sum_{k=0}^{3} h_k \varphi(3-k) = h_1 \varphi(2) + h_2 \varphi(1) = 0$$

$$\varphi(2.5) = \sum_{k=0}^{3} h_k \varphi(5-k) = h_3 \varphi(2) = (2-\sqrt{3})/4 = 0.067$$

依此可以计算不同 t 值在 $N=2$ 时的尺度函数 $\varphi(t)$ 的值. 注意到 $\varphi(t)$ 是紧支撑的,支撑区长度为 $\text{supp}[\varphi(t)] = [0, 2N-1] = [0, 3]$. 图 7.1 给出 $N=2$ 时尺度函数 $\varphi(t)$ 的波形.

根据双尺度差分方程第二式可以计算得到小波函数 $\psi(t)$ 的值. 由式 (7.14) 计算 $N=2$ 时的小波系数 g_n 如下

$$g_n = (-1)^n h_{2N-n-1} = (-1)^n h_{3-n}$$

$$g_0 = h_3 = -0.183, \ g_1 = -h_2 = -0.317$$

$$g_2 = h_1 = 1.183, \quad g_3 = -h_0 = -0.683$$

由此得到小波函数 $\psi(t)$ ($N=2$) 的计算公式

$$\psi(t) = \sum_{n=0}^{3} g_n \varphi(2t-n) = g_0 \varphi(2t) + g_1 \varphi(2t-1)$$
$$+ g_2 \varphi(2t-2) + g_3 \varphi(2t-3)$$

当 $t = 1, 1.5$ 和 2 时, $\psi(1) = -0.366$; $\psi(1.5) = 1.732$; $\psi(2) = -1.366$. 依此可以计算出不同 t 值下小波函数 $\psi(t)$ 的值. 图 7.2 给出 $N=2$ 时小波函数 $\psi(t)$ 的波形.

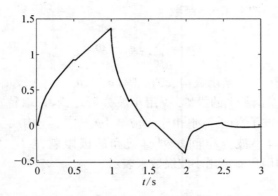

图 7.1　Daubechies 尺度函数 ($N=2$)

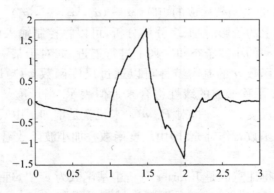

图 7.2　Daubechies 小波函数 ($N=2$)

7.2.3　基于小波逼近的非完整运动规划算法

根据最优控制理论,定义目标函数为

$$J(\boldsymbol{u}) = \int_0^T <\boldsymbol{u}, \boldsymbol{u}> \mathrm{d}t \qquad (7.25)$$

其中 $\boldsymbol{u}(t) = (u_1(t), \cdots, u_{n-1}(t))^\mathrm{T}$ 为 Hilbert 空间 $L^2(\Re)$ 的可测向量函数. 对 Hilbert 空间中的规范正交基底 $\{e_n\}$,H 中的每一元素 $\boldsymbol{u}$ 都

可展开成 $\{e_n\}$ 的 Fourier 级数

$$u = \sum_{i=1}^{\infty} \alpha_i e_i = \boldsymbol{\Phi}\alpha \qquad (7.26)$$

其中 $\boldsymbol{\Phi}$ 为 Fourier 基函数构成的矩阵, $\alpha = (\alpha_1, \alpha_2, \cdots, \alpha_n)^T$ 为函数 u 在 Fourier 基函数上的投影. 应用小波分析理论, 选取特定的小波基函数张成小波子空间序列. 由于小波基 $\{\psi_{m,n}\}_{m,n \in Z}$ 构成了 $L^2(\Re)$ 的规范正交基, 小波子空间序列直交和的极限就是 $L^2(\Re)$. 于是, $L^2(\Re)$ 中的函数 u 可用小波级数来表示

$$u = \sum_{i=1}^{N} \alpha_i \psi_i = \boldsymbol{\Phi}\alpha \qquad (7.27)$$

这里 $\boldsymbol{\Phi}$ 为小波基函数构成的矩阵, $\alpha = (\alpha_1, \alpha_2, \cdots, \alpha_n)^T$ 为函数 u 在小波基函数上的投影. 根据多分辨分析, 可以将控制输入函数 u 投影到不同分辨率的小波子空间序列上进行逼近. 如对于某一尺度 m_0 以下控制输入函数 u 的基本特性可以通过尺度函数 $\varphi(t)$ 以固定标尺 2^{m_0} 对整个 n 平移形成的线性组合来近似表示. 当尺度从 2^{m_0} 移到下一个更小的尺度 2^{m_0-1} 时, 对 $P_{m_0} u(t)$ 来说就是增加了由 $Q_{m_0} u(t)$ 给出细化特征对函数 u 作补充. 即由尺度函数叠加小波函数逼近控制输入函数 u.

这里值得注意的是 Fourier 分析中基函数为 $e^{\pm iwt}$, 理论上基函数的支撑区无论在时间域还是在频率域都是无限的; 而小波变换的支撑区是有限的, 甚至是紧支集, 只有这样才能使小波变换具有局域特性, 但是, 与 Fourier 分析相比, 作为小波变化的基函数 $\psi_{a,b}(t)$ 却不是唯一的, 满足一定条件的函数均可作为小波函数, 因而寻找具有优良特性的小波函数就成为小波理论中的一个重要课题. 构造小波基函数的方法不止一种, 构造出的小波基函数希望是紧支集小波. 考虑 Daubechies 小波是紧支撑的, 支撑区长度为 $(2N-1)$, 尺度函数也有相同的支撑区. 因此本文采用 Daubechies 小波作基函数.

根据第五章提出的非完整运动规划方法, 结合小波分析, 得到如

下基于小波逼近的非完整运动规划高斯-牛顿算法[170]:

(1) 建立非完整控制系统运动学方程 $\dot{q} = G(q)u$,确定矩阵 $G(q) \in \Re^{n \times m}$.

(2) 给定系统初始状态和目标状态 q_0, $q_f \in \Re^n$.

(3) 选取尺度函数作为控制输入函数 u 的基矢量,构造式(7.27)中 Φ 矩阵.若需对控制输入函数 u 给出细化补充则取尺度函数叠加小波函数作为基矢量,构造 Φ 矩阵.

(4) 给定任意 $\alpha_0 \neq 0$ 的初值.

(5) 选择 $\gamma > 0$ 和 $\sigma > 0$ ($0 < \sigma < 1$) 的值.

(6) 求解微分方程组(5.33).

(7) 令 $f(\alpha_i) = q(T)$, $A = Y(T)$,根据迭代公式(5.30)求解 α.

(8) 检验 $q(T)$ 和 $J(\alpha_i)$ 的值,满足条件则结束,否则返回步骤(5).

根据第六章提出的非完整运动规划遗传算法,结合小波分析方法,得到如下基于小波逼近的遗传算法[171]:

(1) 建立非完整控制系统运动学方程 $\dot{q} = G(q)u$,确定矩阵 $G(q) \in \Re^{n \times m}$.

(2) 给定遗传算法参数.

(3) 采用实数编码,初始化群体.

(4) 计算初始群体每个个体的适应度.

　① 给定系统初始和末端状态 q_0, $q_f \in \Re^n$;

　② 选择尺度函数或尺度函数叠加小波函数作为基矢量构造式(7.27)中 Φ 矩阵;

　③ 求解由方程 $\dot{q} = G(q)u$ 确定的微分方程组,计算系统的末端位形;

　④ 利用目标函数 $J(\alpha)$ 构造的适应度函数式 $g(\alpha)$ 并计算每个染色体的适应度.

(5) 群体统计.

(6) 设置循环变量 $I = 0$.

(7) $I = I + 1$.

(8) 产生新一代群体.

    ① 选择；

    ② 交叉；

    ③ 变异.

(9) 计算个体的适应度.

(10) 适应度函数调整.

(11) 采用最优化保护策略.

(12) 群体统计；如果满足终止条件结束,否则返回步骤(7).

7.3　空间多体链式系统模型

7.3.1　具有平面结构的空间多体链系统

考虑具有平面结构的 n 个刚体组成的空间多体开链系统,如图 7.3 所示. 对于多体开链系统,除去首、尾刚体各有一个转动铰,每个刚体 B_i 上都有两个转动铰,一个内铰和一个外铰. 设刚体 B_i 内铰到外铰的距离为 l_i,刚体 B_i 内铰到质心的距离为 d_i. 以空间多体开链系统质心 O 为原点建立惯性坐标系,以各刚体质心 O_i 为原点建立连体坐标系. 各刚体质心相对惯性系的位置和速度分别用 r_i 和 v_i 表示. 各刚体的质量和中心惯量张量分别为 m_i 和 J_i. 当系统没有外力和外力矩作用时,多体链系统的动量和动量矩守恒. 假设初始动量和动量矩均为零,则动量守恒有

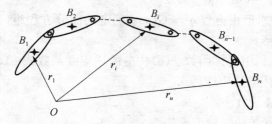

图 7.3　空间多体开链系统

$$\sum_{i=1}^{n} m_i \boldsymbol{v}_i = \sum_{i=1}^{n} m_i \dot{\boldsymbol{r}}_i = 0 \tag{7.28}$$

积分得

$$\sum_{i=1}^{n} m_i \boldsymbol{r}_i = m_s \boldsymbol{r}_{co} = \boldsymbol{c} \tag{7.29}$$

其中 m_s 为系统的总质量,$\boldsymbol{r}_{co}$ 为系统质心的位置矢径,$\boldsymbol{c}$ 为矢量常数.
方程(7.29)表明系统动量守恒产生两个标量完整约束方程(平面情况),即系统的质心不产生任何运动.

根据动量矩守恒有

$$\sum_{i=1}^{n} \left[\boldsymbol{J}_i \boldsymbol{\omega}_i + m_i (\boldsymbol{r}_i \times \boldsymbol{v}_i) \right] = 0 \tag{7.30}$$

方程(7.30)为一个相对于绕 z 轴转动的非完整约束方程. 该方程等价于一个 Pfaffian 方程. 设 $\boldsymbol{q}$ 为系统的广义坐标,则系统的动能可表示为

$$T = \frac{1}{2} \dot{\boldsymbol{q}}^{\mathrm{T}} \boldsymbol{D}(\boldsymbol{q}) \dot{\boldsymbol{q}} \tag{7.31}$$

其中 $\boldsymbol{D}(\boldsymbol{q})$ 为对称的正定惯性矩阵. 系统的广义动量定义为

$$\boldsymbol{p} = \frac{\partial (T - U)}{\partial \dot{\boldsymbol{q}}} = \boldsymbol{D}(\boldsymbol{q}) \dot{\boldsymbol{q}} \tag{7.32}$$

各刚体的广义动量为

$$\boldsymbol{p}_i = \boldsymbol{g}_i(\boldsymbol{q}) \dot{\boldsymbol{q}} \tag{7.33}$$

其中 $\boldsymbol{g}_i$ 为矩阵 $\boldsymbol{D}$ 的第 i 列阵. 由于系统的势能为常值,则刚体的广义动量等于刚体绕 z 轴的动量矩. 因此,式(7.30)动量矩守恒可表示为 Pfaffian 约束

$$\sum_{i=1}^{n} \boldsymbol{p}_i = \sum_{i=1}^{n} \boldsymbol{g}_i^{\mathrm{T}}(\boldsymbol{q}) \dot{\boldsymbol{q}} = \boldsymbol{1}^{\mathrm{T}} \boldsymbol{D}(\boldsymbol{q}) \dot{\boldsymbol{q}} = \boldsymbol{A}^{\mathrm{T}}(\boldsymbol{q}) \dot{\boldsymbol{q}} = 0 \tag{7.34}$$

其中 $1^{\mathrm{T}} = (1, 1, \cdots, 1)$. 当 $n > 2$ 式, Pfaffian 方程 (7.34) 不可积, 表现为典型的非完整约束.

设 θ_i 为刚体 B_i 的绝对姿态角 (与惯性坐标系 x 轴夹角), 刚体 B_i 的质心位置为

$$\begin{bmatrix} r_{\mathrm{cix}} \\ r_{\mathrm{ciy}} \end{bmatrix} = \begin{bmatrix} \displaystyle\sum_{j=1}^{n} k_{ij} \cos \theta_j \\ \displaystyle\sum_{j=1}^{n} k_{ij} \sin \theta_j \end{bmatrix} \tag{7.35}$$

其中

$$k_{ij} = \begin{cases} \dfrac{1}{m_s} \left[l_j \displaystyle\sum_{h=1}^{j-1} m_h + (l_j - d_j) m_j \right] & (j < i) \\[4mm] \dfrac{1}{m_s} \left[d_i \displaystyle\sum_{h=1}^{i-1} m_h - (l_i - d_i) \displaystyle\sum_{k=i+1}^{n} m_k \right] & (j = i) \\[4mm] \dfrac{1}{m_s} \left[-l_j \displaystyle\sum_{h=j+1}^{n} m_h - d_j m_j \right] & (j > i) \end{cases} \tag{7.36}$$

刚体 B_i 的动能可表示为

$$\begin{aligned} T_i &= \frac{1}{2} m_i \dot{\boldsymbol{r}}_{ci}^{\mathrm{T}} \dot{\boldsymbol{r}}_{ci} + \frac{1}{2} \boldsymbol{J}_i \dot{\theta}_i^2 \\ &= \frac{1}{2} m_i \left[\sum_{h=1}^{n} \sum_{j=1}^{n} k_{ij} k_{ih} \cos(\theta_h - \theta_j) \dot{\theta}_h \dot{\theta}_j \right] + \frac{1}{2} \boldsymbol{J}_i \dot{\theta}_i^2 \end{aligned} \tag{7.37}$$

则系统的动能为

$$T = \sum_{i=1}^{n} T_i = \frac{1}{2} \dot{\theta}^{\mathrm{T}} \boldsymbol{D}(\theta) \dot{\theta} \tag{7.38}$$

系统惯量矩阵 $\boldsymbol{D}(\theta)$ 中的元素为

$$g_{ij}(\theta_i, \theta_j) = \begin{cases} \sum_{h=1}^{n} m_h k_{hi} k_{hj} \cos(\theta_i - \theta_j) & j \neq i \\ J_i + \sum_{h=1}^{n} m_h k_{hh}^2 & j = i \end{cases} \quad (7.39)$$

由式(7.39)可看出,g_{ij} 取决于刚体 B_i 和刚体 B_j 之间相对角度关系.令

$$\phi_i = \theta_{i+1} - \theta_i \quad i = 1, 2, \cdots, n-1 \quad (7.40)$$

则矢量 $\boldsymbol{\varphi} = (\phi_1, \phi_2, \cdots, \phi_{n-1})$ 写作为

$$\boldsymbol{\varphi} = \boldsymbol{P\theta} \quad (7.41)$$

其中 $\boldsymbol{P}$ 为 $(n-1) \times n$ 矩阵,矩阵中的元素可定义为

$$P_{ij} = \begin{cases} -1 & j = i \\ +1 & j = i+1 \\ 0 & 其他 \end{cases} \quad (7.42)$$

广义坐标 $\boldsymbol{q} = (\theta_1 \boldsymbol{\varphi})^{\mathrm{T}}$ 可表示为

$$\boldsymbol{q} = \begin{bmatrix} \theta_1 \\ \phi_1 \\ \vdots \\ \phi_{n-1} \end{bmatrix} = \begin{bmatrix} 1 & 0^{\mathrm{T}} \\ & \boldsymbol{P} \end{bmatrix} \boldsymbol{\theta} = \begin{bmatrix} 1 & 0 & 0 & \cdots & \cdots \\ -1 & 1 & 0 & \cdots & \cdots \\ 0 & -1 & 1 & 0 & \cdots \\ & & & \cdots & \\ \cdots & \cdots & 0 & -1 & 1 \end{bmatrix} \boldsymbol{\theta} \quad (7.43)$$

式(7.43)求逆,则 $\boldsymbol{\theta}$ 可表示为

$$\boldsymbol{\theta} = \begin{bmatrix} 1 & 0 & 0 & \cdots & \cdots \\ 1 & 1 & 0 & \cdots & \cdots \\ 1 & 1 & 1 & 0 & \cdots \\ & & & \cdots & \\ 1 & \cdots & 1 & 1 & 1 \end{bmatrix} \begin{bmatrix} \theta_1 \\ \boldsymbol{\varphi} \end{bmatrix} = \begin{bmatrix} 1 & \boldsymbol{S} \end{bmatrix} \begin{bmatrix} \theta_1 \\ \boldsymbol{\varphi} \end{bmatrix} \quad (7.44)$$

其中 S 为 $n \times (n-1)$ 矩阵. 将式(7.43)和(7.44)代入式(7.34),则系统动量矩守恒方程变为

$$1^\mathrm{T} D(\boldsymbol{\varphi})(1\dot{\theta}_1 + S\dot{\boldsymbol{\varphi}}) = 0 \qquad (7.45)$$

从而得

$$\dot{\theta}_1 = -\frac{1^\mathrm{T} D(\boldsymbol{\varphi})S}{1^\mathrm{T} D(\boldsymbol{\varphi})1}u \qquad (7.46)$$

其中 $\dot{\boldsymbol{\varphi}} = u$ 为各刚体关节铰的角速度,可视为控制输入. 因此对于空间多体开链系统,运动学模型可表达为

$$\dot{q} = \begin{bmatrix} \dot{\theta}_1 \\ \boldsymbol{\varphi} \end{bmatrix} = \begin{bmatrix} S_1(\boldsymbol{\varphi}) & S_2(\boldsymbol{\varphi}) & \cdots & S_{n-1}(\boldsymbol{\varphi}) \\ & & I_{n-1} \end{bmatrix}u \qquad (7.47)$$

其中

$$S_i(\boldsymbol{\varphi}) = -\frac{S'_i(\boldsymbol{\varphi})}{1^\mathrm{T} D(\boldsymbol{\varphi})1} \qquad (i = 1, 2, \cdots, n-1)$$

$$S'_i(\boldsymbol{\varphi}) = \sum_{j=i+1}^n \Big[\bar{J}_j + \sum_{h=1}^n \sum_{l=1}^n m_i k_{ij} k_{lh} \cos\big(\sum_{r=h}^{j-1} \phi_r\big) \Big]$$

$$\bar{J}_j = J_j + \sum_{h=1}^n m_h k_{hj}^2 \qquad (7.48)$$

$$1^\mathrm{T} D(\boldsymbol{\varphi})1 = \sum_{j=1}^n \bar{J}_j + \sum_{j=1}^n \sum_{\substack{h=1 \\ h \neq j}}^n \sum_{l=1}^n m_l k_{lj} k_{lh} \cos\big(\sum_{r=h}^{j-1} \phi_r\big)$$

7.3.2 空间双刚体航天器系统模型

设双刚体航天器系统由刚体 C_1 和刚体 C_2 通过球铰或万向节联接组成(见图 7.4). 以空间 C_0 为原点建立惯性坐标系 Γ_0,分别在刚体 C_1 和 C_2 的质心 M_1 和 M_2 上建立主轴连体基 Γ_1 和 Γ_2. 为叙述方便,

图 7.4 中各符号表示意义如下

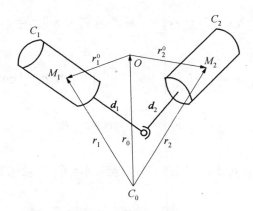

图 7.4 双刚体航天器

$\boldsymbol{R}_1$——Γ_1 相对 Γ_0 坐标变换矩阵

$\boldsymbol{R}_2$——Γ_2 相对 Γ_0 坐标变换矩阵

$\boldsymbol{r}_0$——基于 Γ_0 由原点 C_0 到系统总质心 O 的矢量

$\boldsymbol{r}_1$——基于 Γ_0 从点 O 到 C_1 质心 M_1 的矢量

$\boldsymbol{r}_2$——基于 Γ_0 从点 O 到 C_2 质心 M_2 的矢量

$\boldsymbol{d}_1$——基于 Γ_1 从关节到刚体 1 质心的矢量

$\boldsymbol{d}_2$——基于 Γ_2 从关节到刚体 2 质心的矢量

$\boldsymbol{r}_1^0$——基于 Γ_0 由系统总质心 O 到 C_1 质心 M_1 的矢量

$\boldsymbol{r}_2^0$——基于 Γ_0 由系统总质心 O 到 C_2 质心 M_2 的矢量

忽略连接双刚体连杆的质量,设刚体 C_1 和 C_2 的质量分别为 m_1 和 m_2,刚体 C_1 上任一点相对惯性坐标系的矢量为 $\boldsymbol{q}_1$,则刚体 C_1 的动能可写为

$$T_1 = \frac{1}{2} \int_{C_1} \| \dot{\boldsymbol{q}}_1(\boldsymbol{\rho}_1) \|^2 \mathrm{d} m_1 \qquad (7.49)$$

式中 $\boldsymbol{\rho}_1$ 是刚体 C_1 任一点相对于连体基 Γ_1 的矢量. 由几何关系式可得

$$q_1 = r_1 + R_1 \rho_1 \tag{7.50}$$

将式(7.50)代入式(7.49),并注意关系式 $\| x \|^2 = \mathrm{tr}(xx^{\mathrm{T}})$, 可以得到

$$T_1 = \frac{1}{2} \int_{C_1} \| \dot{r}_1 \|^2 \mathrm{d}m_1 + \frac{1}{2} \int_{C_1} \| \dot{R}_1 \rho_1 \|^2 \mathrm{d}m_1$$

$$= \frac{1}{2} m_1 \| \dot{r}_1 \|^2 + \frac{1}{2} \mathrm{tr}(\dot{R}_1 I_1 \dot{R}_1^{\mathrm{T}}) \tag{7.51}$$

式中 $I_1 = \int_{C_1} \rho_1 \rho_1^{\mathrm{T}} \mathrm{d}m_1$. 同理,可以得到刚体 C_2 的动能表达式

$$T_2 = \frac{1}{2} m_2 \| \dot{r}_2 \|^2 + \frac{1}{2} \mathrm{tr}(\dot{R}_2 I_2 \dot{R}_2^{\mathrm{T}}) \tag{7.52}$$

式中 $I_2 = \int_{C_2} \rho_2 \rho_2^{\mathrm{T}} \mathrm{d}m_2$. 双刚体航天器系统的动能表达式为

$$T = T_1 + T_2 = \frac{1}{2} m_1 \| \dot{r}_1 \|^2 + \frac{1}{2} m_2 \| \dot{r}_2 \|^2 +$$

$$\frac{1}{2} \mathrm{tr}(\dot{R}_1 I_1 \dot{R}_1^{\mathrm{T}}) + \frac{1}{2} \mathrm{tr}(\dot{R}_2 I_2 \dot{R}_2^{\mathrm{T}}) \tag{7.53}$$

根据质心运动定理,有

$$m_1 r_1^0 + m_2 r_2^0 = 0 \tag{7.54}$$

由图 7.4 所示有以下几何关系式

$$r_1 = r_0 + r_1^0 \quad r_2 = r_0 + r_2^0$$

$$r_2^0 = r_1^0 + R_1 d_1 - R_2 d_2 \tag{7.55}$$

将式(7.55)代入式(7.53)的前两项,用 $T_{(2)}$ 表示,并考虑式(7.55)前两式得到

$$T_{(2)} = \frac{1}{2}m_1 \parallel \dot{\boldsymbol{r}}_1^0 \parallel^2 + \frac{1}{2}m_2 \parallel \dot{\boldsymbol{r}}_2^0 \parallel^2 + \frac{1}{2}m \parallel \dot{\boldsymbol{r}}_0 \parallel^2 \quad (7.56)$$

式中 $m = m_1 + m_2$. 将式(7.54)和(7.55)第三式代入式(7.56),可以得到

$$T_{(2)} = \frac{1}{2}\varepsilon \parallel \dot{\boldsymbol{R}}_1 \boldsymbol{d}_1 - \dot{\boldsymbol{R}}_2 \boldsymbol{d}_2 \parallel^2 + \frac{1}{2}m \parallel \dot{\boldsymbol{r}}_0 \parallel^2 \quad (7.57)$$

式中 $\varepsilon = m_1 m_2 / m$. 将式(7.57)代入式(7.53),并注意 $\dot{\boldsymbol{R}}_i \boldsymbol{d}_i = \boldsymbol{R}_i \hat{\omega}_i \boldsymbol{d}_i = -\boldsymbol{R}_i \hat{\boldsymbol{d}}_i \omega_i$,最后得到系统总动能为

$$T = \frac{1}{2}\mathrm{tr}(\omega_1^{\mathrm{T}} \boldsymbol{I}_1 \omega_1) + \frac{1}{2}\mathrm{tr}(\omega_2^{\mathrm{T}} \boldsymbol{I}_2 \omega_2) + \frac{1}{2}\mathrm{tr}(\omega_1^{\mathrm{T}} \varepsilon \hat{\boldsymbol{d}}_1^{\mathrm{T}} \hat{\boldsymbol{d}}_1 \omega_1) +$$

$$\frac{1}{2}\mathrm{tr}(\omega_2^{\mathrm{T}} \varepsilon \hat{\boldsymbol{d}}_2^{\mathrm{T}} \hat{\boldsymbol{d}}_2 \omega_2) + \frac{1}{2}\mathrm{tr}(\omega_1^{\mathrm{T}} \varepsilon \hat{\boldsymbol{d}}_1^{\mathrm{T}} \boldsymbol{R}_1^{\mathrm{T}} \boldsymbol{R}_2 \hat{\boldsymbol{d}}_2 \omega_2) +$$

$$\frac{1}{2}\mathrm{tr}(\omega_{21}^{\mathrm{T}} \varepsilon \hat{\boldsymbol{d}}_2^{\mathrm{T}} \boldsymbol{R}_2^{\mathrm{T}} \boldsymbol{R}_1 \hat{\boldsymbol{d}}_1 \omega_1) + \frac{1}{2}m \parallel \dot{\boldsymbol{r}}_0 \parallel^2$$

$$= \frac{1}{2}\mathrm{tr}[\omega_1^{\mathrm{T}} (\boldsymbol{I}_1 + \varepsilon \hat{\boldsymbol{d}}_1^{\mathrm{T}} \boldsymbol{d}_1) \omega_1] +$$

$$\frac{1}{2}\mathrm{tr}[\omega_2^{\mathrm{T}} (\boldsymbol{I}_2 + \varepsilon \hat{\boldsymbol{d}}_2^{\mathrm{T}} \boldsymbol{d}_2) \omega_2] + \frac{1}{2}\mathrm{tr}(\omega_2^{\mathrm{T}} \varepsilon \hat{\boldsymbol{d}}_2^{\mathrm{T}} \boldsymbol{R}_2^{\mathrm{T}} \boldsymbol{R}_1 \hat{\boldsymbol{d}}_1 \omega_1) +$$

$$\frac{1}{2}\mathrm{tr}(\omega_1^{\mathrm{T}} \varepsilon \hat{\boldsymbol{d}}_1^{\mathrm{T}} \boldsymbol{R}_1^{\mathrm{T}} \boldsymbol{R}_2 \hat{\boldsymbol{d}}_2 \omega_2) + \frac{1}{2}m \parallel \dot{\boldsymbol{r}}_0 \parallel^2$$

$$= \frac{1}{2}\begin{bmatrix} \omega_1^{\mathrm{T}} & \omega_2^{\mathrm{T}} \end{bmatrix} \begin{bmatrix} \boldsymbol{J}_1 & \boldsymbol{J}_{12} \\ \boldsymbol{J}_{12}^{\mathrm{T}} & \boldsymbol{J}_2 \end{bmatrix} \begin{bmatrix} \omega_1 \\ \omega_2 \end{bmatrix} + \frac{1}{2}m \parallel \dot{\boldsymbol{r}}_0 \parallel^2 \quad (7.58)$$

式中 $\boldsymbol{J}_i = \boldsymbol{I}_i + \varepsilon \hat{\boldsymbol{d}}_i^{\mathrm{T}} \hat{\boldsymbol{d}}_i$, $(i = 1, 2)$, $\boldsymbol{J}_{12} = \varepsilon \hat{\boldsymbol{d}}_1^{\mathrm{T}} \boldsymbol{R}_1^{\mathrm{T}} \boldsymbol{R}_2 \hat{\boldsymbol{d}}_2$.

考虑航天器姿态运动,忽略平动对转动的影响. 双刚体航天器系统的拉格朗日函数就是系统动能,即 $L = T$. 采用双刚体的角速度 ω_i $(i = 1, 2)$ 描述角运动,设系统无外力矩作用,因此,利用拟拉格朗日

方程[3]可知$\partial L/\partial\omega$为一常数,即

$$\frac{\partial L}{\partial \omega_i} = \mu \quad i = 1,\ 2 \tag{7.59}$$

其中μ为系统的角动量.设初始动量矩为零,将式(7.58)代入(7.59),计算系统相对总质心O的动量矩在惯性坐标系Γ_0的投影列阵,导出

$$(\boldsymbol{R}_1\boldsymbol{J}_1 + \boldsymbol{R}_2\boldsymbol{J}_{12}^{\mathrm{T}})\omega_1 + (\boldsymbol{R}_1\boldsymbol{J}_{12} + \boldsymbol{R}_2\boldsymbol{J}_2)\omega_2 = 0 \tag{7.60}$$

(1)球铰连接的双刚体航天器

以球铰连接的双刚体在无外力矩作用时具有六个自由度,分别是刚体C_1相对惯性坐标系Γ_0的三个姿态和刚体C_2相对于刚体C_1连体基Γ_1的三个姿态.设$\boldsymbol{R}$为刚体C_2连体基Γ_2相对于刚体C_1连体基Γ_1的方向余弦矩阵,则有关系式

$$\boldsymbol{R}_2 = \boldsymbol{R}_1\boldsymbol{R} \tag{7.61}$$

刚体C_2连体基Γ_2相对于刚体C_1连体基Γ_1的角速度可用方向余弦表示为

$$\hat{\omega} = \boldsymbol{R}^{\mathrm{T}}\dot{\boldsymbol{R}} = -\dot{\boldsymbol{R}}^{\mathrm{T}}\boldsymbol{R} \tag{7.62}$$

根据式(7.61)和(7.62),刚体C_2的角速度可以写为

$$\omega_2 = \dot{\boldsymbol{R}}^{\mathrm{T}}\omega_1 + \omega \tag{7.63}$$

将式(7.63)代入式(7.60),得到

$$\boldsymbol{J}_t\boldsymbol{R}_1\omega_1 = -(\boldsymbol{R}_2\boldsymbol{J}_2 + \boldsymbol{R}_1\boldsymbol{J}_{12})\omega \tag{7.64}$$

式中$\boldsymbol{J}_t = \boldsymbol{R}_1\boldsymbol{J}_1\boldsymbol{R}_1^{\mathrm{T}} + \boldsymbol{R}_2\boldsymbol{J}_{12}^{\mathrm{T}}\boldsymbol{R}_1^{\mathrm{T}} + \boldsymbol{R}_2\boldsymbol{J}_{12}^{\mathrm{T}}\boldsymbol{R}_2^{\mathrm{T}} + \boldsymbol{R}_1\boldsymbol{J}_{12}\boldsymbol{R}_2^{\mathrm{T}}$定义为系统的广义惯量张量.同理,可以得到另一式

$$\boldsymbol{J}_t\boldsymbol{R}_2\omega_2 = (\boldsymbol{R}_1\boldsymbol{J}_1 + \boldsymbol{R}_2\boldsymbol{J}_{12}^{\mathrm{T}})\boldsymbol{R}\omega \tag{7.65}$$

引入 Rodrigues 参数,用 Rodrigues 参数$\alpha \in \Re^3$表示刚体C_1相对于惯性坐标系Γ_0的姿态,设$\alpha_0 = 1/(1 + \|\alpha\|^2)$,且姿态矩阵$\boldsymbol{R}_1$可

表示为[159]

$$\boldsymbol{R}_1 = \alpha_0 \begin{bmatrix} 1+\alpha_1^2-\alpha_2^2-\alpha_3^2 & 2(\alpha_1\alpha_2-\alpha_3) & 2(\alpha_1\alpha_3+\alpha_2) \\ 2(\alpha_1\alpha_2+\alpha_3) & 1-\alpha_1^2+\alpha_2^2-\alpha_3^2 & 2(\alpha_2\alpha_3-\alpha_1) \\ 2(\alpha_1\alpha_3-\alpha_2) & 2(\alpha_2\alpha_3+\alpha_1) & 1-\alpha_1^2-\alpha_2^2+\alpha_3^2 \end{bmatrix}$$

因此,ω_1 就可以表示为 $\dot{\alpha}$ 和一个局部 Jacobi 矩阵 $\boldsymbol{U}(\alpha) \in \mathfrak{R}^{3\times 3}$ 的乘积[138],即

$$\omega_1 = \boldsymbol{U}(\alpha)\dot{\alpha} \tag{7.66}$$

式中,
$$\boldsymbol{U}(\alpha) = \alpha_0 \begin{bmatrix} 1 & -\alpha_3 & \alpha_2 \\ \alpha_3 & 1 & -\alpha_1 \\ -\alpha_2 & \alpha_1 & 1 \end{bmatrix}$$

同理,定义刚体 C_2 的 Rodrigues 参数为 $\beta \in \mathfrak{R}^3$,有

$$\omega_2 = \boldsymbol{U}(\beta)\dot{\beta} \tag{7.67}$$

式中,$\boldsymbol{U}(\beta) = \beta_0 \begin{bmatrix} 1 & -\beta_3 & \beta_2 \\ \beta_3 & 1 & -\beta_1 \\ -\beta_2 & \beta_1 & 1 \end{bmatrix}$,其中 $\beta_0 = \dfrac{1}{1+\|\beta\|^2}$.

令连接双刚体的球铰关节控制输入参数由 $\boldsymbol{u} = (u_1 \quad u_2 \quad u_3)^{\mathrm{T}}$ 表示,将式(7.66)和(7.67)分别代入式(7.64)和(7.65),联立得到如下关系式

$$\boldsymbol{G}_1(\boldsymbol{q})\dot{\boldsymbol{q}} = \boldsymbol{G}_2(\boldsymbol{q})\boldsymbol{u} \tag{7.68}$$

式中 $\boldsymbol{q} = (\alpha^{\mathrm{T}} \quad \beta^{\mathrm{T}})^{\mathrm{T}} \in \mathfrak{R}^6$ 为双刚体系统状态变量(双刚体相对于惯性坐标系 Γ_0 的姿态).

$$\boldsymbol{G}_1(\boldsymbol{q}) = \begin{bmatrix} \boldsymbol{J}_t \boldsymbol{R}_1 \boldsymbol{U}(\alpha) & \boldsymbol{0} \\ \boldsymbol{0} & \boldsymbol{J}_t \boldsymbol{R}_2 \boldsymbol{U}(\beta) \end{bmatrix} \quad \boldsymbol{G}_2(\boldsymbol{q}) = \begin{bmatrix} -(\boldsymbol{R}_2 \boldsymbol{J}_2 + \boldsymbol{R}_1 \boldsymbol{J}_{12}) \\ (\boldsymbol{R}_1 \boldsymbol{J}_1 + \boldsymbol{R}_2 \boldsymbol{J}_{12}^{\mathrm{T}})\boldsymbol{R} \end{bmatrix}$$

由于 $\boldsymbol{G}_1(\boldsymbol{q})$ 为非奇异阵,则式(7.68)可以写成

$$\dot{q} = G(q)u, \quad q \in \mathfrak{R}^6, \quad u \in \mathfrak{R}^3 \tag{7.69}$$

式中 $G(q) = G_1(q)^{-1} G_2(q)$ 为状态矩阵.

（2）万向节连接的双刚体航天器

由万向节连接的双刚体航天器系统有五个自由度，即刚体 C_1 相对惯性坐标系 Γ_0 三个姿态角以及刚体 C_2 相对刚体 C_1 连体基 Γ_1 的两个姿态角. 设 R 是刚体 C_2 连体基 Γ_2 相对于刚体 C_1 连体基 Γ_1 的方向余弦矩阵，可表示为[142]

$$R = \begin{bmatrix} \cos\theta_1 & 0 & \sin\theta_1 \\ 0 & 1 & 0 \\ -\sin\theta_1 & 0 & \cos\theta_1 \end{bmatrix} \begin{bmatrix} 0 & 1 & 0 \\ \cos\theta_2 & 0 & \sin\theta_2 \\ \sin\theta_2 & 0 & -\cos\theta_2 \end{bmatrix} \tag{7.70}$$

式中 θ_1，θ_2 为万向节主、从动轴转角. 根据式（7.70），刚体 C_2 通过万向节连接相对刚体 C_1 的角速度可以表示为

$$\omega = \begin{bmatrix} 0 \\ 1 \\ 0 \end{bmatrix} \dot{\theta}_2 + \begin{bmatrix} \cos\theta_2 \\ 0 \\ \sin\theta_2 \end{bmatrix} \dot{\theta}_1 = b_1 u_1 + b_2 u_2 \tag{7.71}$$

式中 $u_1 = \dot{\theta}_1$，$u_2 = \dot{\theta}_2$. 将式（7.64）左乘 R_1^{T} 并利用式（7.71）得到

$$J_t U(\alpha)\dot{\alpha} = -(RJ_2 + J_{12})(b_1 u_1 + b_2 u_2) \tag{7.72}$$

式中，$J_{12} = \varepsilon \hat{d}_1 R \hat{d}_2$，$J_t = (J_1 + RJ_2 R^{\mathrm{T}} + RJ_{12}^{\mathrm{T}} + J_{12} R^{\mathrm{T}})$

定义系统状态变量为 $q = (\theta_1 \quad \theta_2 \quad \alpha^{\mathrm{T}})^{\mathrm{T}} \in \mathfrak{R}^5$，取连接双刚体的万向节关节角速度为控制输入参数，即 $u = (\dot{\theta}_1 \quad \dot{\theta}_2)^{\mathrm{T}} \in \mathfrak{R}^2$. 则得到等价于式（7.72）的控制系统

$$G_1(q)\dot{q} = G_2(q)u \tag{7.73}$$

式中

$$G_1(q) = \begin{bmatrix} 1 & 0 & 0 \\ 0 & 1 & 0 \\ 0 & 0 & J_t U(\alpha) \end{bmatrix}$$

$$G_2(q) = \begin{bmatrix} 1 & 0 \\ 0 & 1 \\ -(RJ_2 + J_{12})b_1 & -(RJ_2 + J_{12})b_2 \end{bmatrix}$$

因 $G_1(q) \in \Re^{5 \times 5}$ 为非奇异阵,则式(7.73)可以写成

$$\dot{q} = G(q)u \qquad (7.74)$$

式中 $G(q) = G_1(q)^{-1}G_2(q)$ 为状态矩阵.

7.4 仿真算例

本节利用 7.2 给出的基于小波逼近的高斯-牛顿法和遗传算法分别针对具有平面结构的空间多体链式系统和空间双刚体航天器系统姿态的非完整运动规划进行仿真试验.为了比较和验证这两种算法的有效性,设计了两套算例.第一套算例对具有平面结构的空间三杆系统非完整运动规划问题分别用高斯-牛顿法和遗传算法进行仿真计算,其系统控制输入参数都用尺度函数和尺度函数叠加小波基逼近.第二套算例对空间带球铰和万向节铰双刚体航天器系统模型的非完整运动规划问题分别运用基于 Fourier 基函数和小波逼近的遗传算法求解,即系统控制输入参数分别由 Fourier 基函数、尺度函数和尺度函数叠加小波基逼近.

7.4.1 具有平面结构的空间多体链系统应用实例

以具有平面结构的 3 个刚性杆分别以转动铰联接组成的空间机构系统为例,即式(7.47)中的 $n = 3$. 设空间机构系统的位形为 $q = (\theta_1 \quad \phi_1 \quad \phi_2)^T$,其中 θ_1 为第二杆相对惯性基 x 轴的夹角,ϕ_1 和 ϕ_2 分别为第一、三杆相对第二杆的角度.将空间机构的第一、三杆相对转

动角速度取作控制输入 $u_1 = \dot{\phi}_1$ 和 $u_2 = \dot{\phi}_2$，则有

$$\dot{\boldsymbol{q}} = \boldsymbol{G}(\boldsymbol{q})\boldsymbol{u} = \begin{bmatrix} s_1(\boldsymbol{\phi}) & s_2(\boldsymbol{\phi}) \\ 1 & 0 \\ 0 & 1 \end{bmatrix} \begin{bmatrix} u_1 \\ u_2 \end{bmatrix} \tag{7.75}$$

式中 $s_1(\boldsymbol{\phi})$，$s_2(\boldsymbol{\phi})$ 由式(7.48)通过推导得到

$$s'_1(\boldsymbol{\phi}) = \bar{J}_2 + \bar{J}_3 + h_{12}\cos\phi_1 + 2h_{23}\cos\phi_2 + h_{13}\cos(\phi_1 + \phi_2)$$

$$s'_2(\boldsymbol{\phi}) = \bar{J}_3 + h_{23}\cos\phi_2 + h_{13}\cos(\phi_1 + \phi_2)$$

$$1^{\mathrm{T}}\boldsymbol{D}(\boldsymbol{\phi})1 = \bar{J}_1 + \bar{J}_2 + \bar{J}_3 + 2[h_{12}\cos\phi_1 + h_{23}\cos\phi_2 + h_{13}\cos(\phi_1 + \phi_2)]$$

并且

$$\bar{J}_1 = J_1 + m_1 k_{11}^2 + m_2 k_{21}^2 + m_3 k_{31}^2$$

$$\bar{J}_2 = J_2 + m_1 k_{11}^2 + m_2 k_{22}^2 + m_3 k_{32}^2$$

$$\bar{J}_3 = J_3 + m_1 k_{13}^2 + m_2 k_{23}^2 + m_3 k_{33}^2$$

$$h_{12} = m_1 k_{11} k_{12} + m_2 k_{21} k_{22} + m_3 k_{31} k_{32}$$

$$h_{13} = m_1 k_{11} k_{13} + m_2 k_{21} k_{23} + m_3 k_{31} k_{33}$$

$$h_{23} = m_1 k_{12} k_{13} + m_2 k_{22} k_{23} + m_3 k_{32} k_{33}$$

其中

$$k_{11} = -\frac{(l_1 - d_1)(m_2 + m_3)}{m_s} \qquad k_{12} = -\frac{l_2 m_3 + d_2 m_2}{m_s}$$

$$k_{21} = \frac{(l_1 - d_1) m_1}{m_s} \qquad k_{22} = \frac{d_2 m_1 - (l_2 - d_2) m_3}{m_s}$$

$$k_{31} = k_{21} \qquad k_{32} = \frac{l_2 m_1 + (l_2 - d_2) m_2}{m_s}$$

$$k_{13} = -\frac{d_3 m_3}{m_s} \quad k_{23} = k_{13} \quad k_{33} = \frac{d_3(m_1 + m_2)}{m_s}$$

设系统质量几何参数分别为

$$l_1 = l_2 = l_3 = 1\,\mathrm{m},\ d_1 = d_2 = d_3 = 0.5\,\mathrm{m},\ m_1 = 20\,\mathrm{kg},$$

$$m_2 = m_3 = 10\,\mathrm{kg},\ J_1 = 4.8\,\mathrm{kgm}^2,\ J_2 = J_3 = 2.4\,\mathrm{kgm}^2$$

选择长度为 $3(N = 2)$ 的 Daubechies 紧支承正交小波[169],利用式 (7.7),取 $m_0 = 0$,用尺度函数的平移近似控制输入变量 $\boldsymbol{u}(t)$,其分量 u_i 可表示为

$$u_i = \sum_n C_i(n)\varphi(t-n) \tag{7.76}$$

仿真实验中,根据双尺度差分方程,计算出 194 个离散数据表示支撑区间为 $[0,3]$ 的尺度函数,设系统位形转换时间 $T = 5\,\mathrm{s}$,取时间步长 $\Delta t = 1/32$. 选择 10 个尺度函数基矢量作为式(7.27)中 $\boldsymbol{\Phi}$ 矩阵的列矢量. 10 个基向量中 $\{a_i(t)\}_{i=1}^5$ 为

$$\begin{bmatrix} \varphi(t) \\ 0 \end{bmatrix} \begin{bmatrix} \varphi(t-1) \\ 0 \end{bmatrix} \begin{bmatrix} \varphi(t-2) \\ 0 \end{bmatrix} \begin{bmatrix} \varphi(t-3)+\varphi(t+2) \\ 0 \end{bmatrix} \begin{bmatrix} \varphi(t-4)+\varphi(t+1) \\ 0 \end{bmatrix}$$

$$\tag{7.77}$$

$\{a_i(t)\}_{i=6}^{10}$ 可由上式行互换得到. 式(7.77)尺度函数取值由数据文件中的 192 个数据提供.

取 $m_0 = 1$ 时,控制输入函数 $\boldsymbol{u}(t)$ 表示为尺度函数 $\varphi_{0,n}(t)$ 与小波函数 $\boldsymbol{\psi}_{0,n}(t)$ 的线性组合. 矩阵 $\boldsymbol{\Phi}$ 由 10 个尺度函数基向量和 10 个小波函数基矢量构成,即 $\{a_i\}_{i=1}^{10}$ 分别为

$$\begin{bmatrix} \varphi(t) \\ 0 \end{bmatrix} \begin{bmatrix} \varphi(t-1) \\ 0 \end{bmatrix} \begin{bmatrix} \varphi(t-2) \\ 0 \end{bmatrix} \begin{bmatrix} \varphi(t-3)+\varphi(t+2) \\ 0 \end{bmatrix} \begin{bmatrix} \varphi(t-4)+\varphi(t+1) \\ 0 \end{bmatrix}$$

$$\begin{bmatrix} \psi(t) \\ 0 \end{bmatrix} \begin{bmatrix} \psi(t-1) \\ 0 \end{bmatrix} \begin{bmatrix} \psi(t-2) \\ 0 \end{bmatrix} \begin{bmatrix} \psi(t-3) + \psi(t+2) \\ 0 \end{bmatrix} \begin{bmatrix} \psi(t-4) + \psi(t+1) \\ 0 \end{bmatrix}$$

$$(7.78)$$

$\{a_i\}_{i=11}^{20}$ 由上式基矢量行互换得到. 小波函数取值也由双尺度差分方程计算出 194 个离散数据表示支撑区间为 $[0, 3]$ 的小波函数提供.

算例 1(基于小波逼近的高斯-牛顿法[170])

设空间机构的第一杆(右杆)由初始位形 0° 按顺时针方向转动 π/6 至终端位形,第二杆(中间杆)初始和终端位形在 0° 保持不变,第三杆(左杆)由 0° 按顺时针方向转动 π/4. 即系统初始和终端位形分别为

$$\boldsymbol{q}_0 = \begin{bmatrix} 0 & 0 & 0 \end{bmatrix}^T \qquad \boldsymbol{q}_f = \begin{bmatrix} -\pi/6 & -\pi/4 & 0 \end{bmatrix}^T$$

按照 7.2 中算法 1,仿真计算结果如图 7.5~7.6 所示. 其中图 7.5(a)~(c) 为空间机构三杆姿态角 ϕ_1、ϕ_2 和 θ 的优化轨线,图 7.6(a)~(b) 为空间机构第一、三杆相对转动的最优控制输入规律. 图中实线为尺度函数计算曲线,虚线为尺度函数叠加正交小波基函数计算曲线. 算例 1 用尺度函数迭代 33 次达到精度 10^{-3} 要求,$J(\alpha_{33}) = 4.101\ 2$;用尺度函数叠加正交小波基方法迭代 28 次达到精度要求,$J(\alpha_{28}) = 4.096\ 8$.

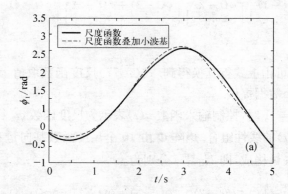

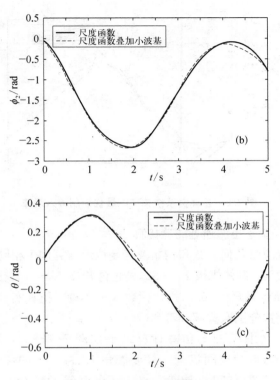

图 7.5 多体链系统刚体姿态角的优化轨迹

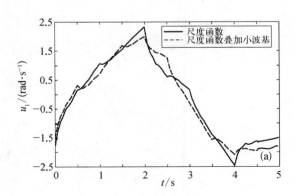

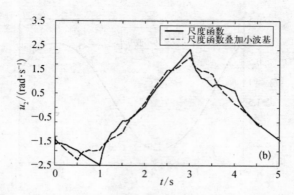

图 7.6 多体链系统关节的最优控制输入规律

算例 2(基于小波逼近的遗传算法[171])

设系统质量几何参数和初始及终端位形与算例 1 相同. 遗传算法控制参数设为: 群体规模 $P = 32$,染色体长度 $N = 10$,交换概率 $P_c = 0.9$,变异概率 $P_m = 0.1$,进化代数 $R = 2\,000$. 仿真实验中,尺度函数和小波函数分别取式(7.77)和(7.78).

按照 7.2 中算法 2,仿真计算结果如图 7.7～7.8 所示. 其中图 7.7(a)～(c)为空间机构三杆姿态角 ϕ_1、ϕ_2 和 θ 的优化轨线,图 7.8(a)～(b)为空间机构第一、三杆相对转动的最优控制输入规律.

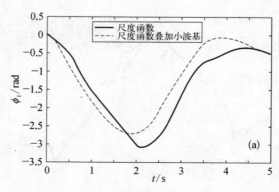

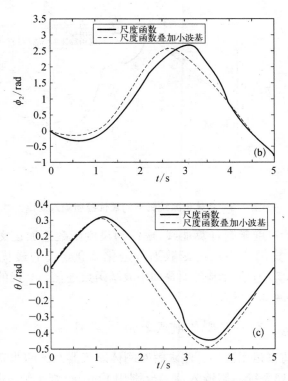

图 7.7   多体链系统刚体姿态角的优化轨迹

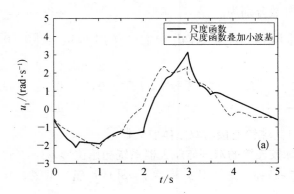

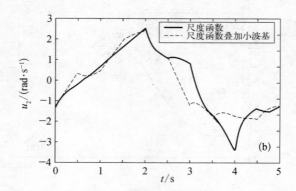

图 7.8   多体链系统关节的最优控制输入规律

图中实线为尺度函数计算曲线,虚线为尺度函数迭加正交小波函数计算曲线. 算例 2 用尺度函数逼近进化 2 000 代的最优指标函数 $J(\alpha) = 4.013\,7$;在此基础上叠加小波基函数进化 200 代的最优指标函数 $J(\alpha) = 3.898\,3$.

7.4.2   空间双刚体航天器应用实例

算例仿真运用遗传算法求解双刚体航天器系统的非完整运动规划问题,考虑系统控制输入信号分别用 Fourier 基函数、尺度函数和尺度函数叠加小波基逼近. 双刚体航天器模型如图 7.4 所示,系统的质量几何参数分别为:

$$m_1 = 2\,\text{kg},\, m_2 = 2\,\text{kg},\, \boldsymbol{d}_1 = \begin{bmatrix} 0 & 0 & 1 \end{bmatrix},\, \boldsymbol{d}_2 = \begin{bmatrix} 0 & 0 & 1 \end{bmatrix},$$

$$\boldsymbol{I}_1 = \begin{bmatrix} 2 & 0 & 0 \\ 0 & 3 & 0 \\ 0 & 0 & 4 \end{bmatrix},\, \boldsymbol{I}_2 = \begin{bmatrix} 2 & 0 & 0 \\ 0 & 3 & 0 \\ 0 & 0 & 4 \end{bmatrix}.$$

算例 1   球铰连接的双刚体航天器

给定球铰连接的双刚体航天器系统初始位形 $\boldsymbol{q}_0 = (\boldsymbol{\alpha}_0^{\text{T}} \quad \boldsymbol{\beta}_0^{\text{T}})^{\text{T}} \in \Re^6$(见图 7.9)和末端位形 $\boldsymbol{q}_f = (\boldsymbol{\alpha}_f^{\text{T}} \quad \boldsymbol{\beta}_f^{\text{T}})^{\text{T}} \in \Re^6$(见图 7.10),寻找控

制输入 $\boldsymbol{u}(t) \in \Re^3$，$t \in [0, T]$ 在最小能量耗散情况下，使系统在给定时间 T，从初始位形 $\boldsymbol{q}_0$ 到达末端位形 $\boldsymbol{q}_f$.

设系统的初始和末端位形为

$$\boldsymbol{q}_0 = \begin{bmatrix} 0.0663 & 0.3142 & 0.5465 & -0.0663 & -0.3142 & 0.5465 \end{bmatrix}^{\mathrm{T}}$$

$$\boldsymbol{q}_f = \begin{bmatrix} -0.0663 & 0.3142 & -0.5465 & 0.0663 & -0.3142 & -0.5465 \end{bmatrix}^{\mathrm{T}}$$

式中姿态以 Rodrigues 参数表示.

图 7.9　双刚体初始位形

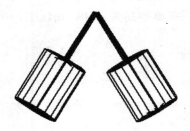

图 7.10　双刚体终端位形

设双刚体航天器完成规定运动时间为 $T = 5$ s. 遗传算法的控制参数见表 7.1.

表 7.1　遗传算法的控制参数

	Fourier 函数	尺度函数	尺度函数叠加小波基
群体规模 M	60	50	90
染色体长度 L	21	15	30
交叉概率 P_{c}	0.80	0.80	0.85
变异概率 P_{m}	0.25	0.25	0.25
定标系数 k	0.5	—50	—50
进化代数 R	4 500	5 000	5 000

在仿真试验中，选取 21 个 Fourier 正交基矢量 $\{\boldsymbol{e}_i(t)\}_{i=1}^{21}$ 作为控制输入函数 $\boldsymbol{u}(t)$ 中 $\boldsymbol{\Phi}$ 矩阵的列矢量，其表达式如式 (6.26). 选择 15

个尺度函数基矢量作为 $\boldsymbol{\Phi}$ 矩阵的列矢量. 10 个离散正交基向量 $\{a_i(t)\}_{i=1}^5$ 为

$$\begin{bmatrix} \varphi(t) \\ 0 \\ 0 \end{bmatrix} \begin{bmatrix} \varphi(t-1) \\ 0 \\ 0 \end{bmatrix} \begin{bmatrix} \varphi(t-2) \\ 0 \\ 0 \end{bmatrix} \begin{bmatrix} \varphi(t-3)+\varphi(t+2) \\ 0 \\ 0 \end{bmatrix} \begin{bmatrix} \varphi(t-4)+\varphi(t+1) \\ 0 \\ 0 \end{bmatrix}$$

$\{a_i(t)\}_{i=6}^{10}$ 和 $\{a_i(t)\}_{i=11}^{15}$ 分别由上式各个基矢量元素行轮换得到. 选择尺度函数基矢量 $\varphi_{0,n}(t)$ 与小波函数基矢量 $\psi_{0,n}(t)$ 的线性组合作为矩阵 $\boldsymbol{\Phi}$ 的列矢量,即 $\{a_i(t)\}_{i=1}^{10}$ 分别为

$$\begin{bmatrix} \varphi(t) \\ 0 \\ 0 \end{bmatrix} \begin{bmatrix} \varphi(t-1) \\ 0 \\ 0 \end{bmatrix} \begin{bmatrix} \varphi(t-2) \\ 0 \\ 0 \end{bmatrix} \begin{bmatrix} \varphi(t-3)+\varphi(t+2) \\ 0 \\ 0 \end{bmatrix} \begin{bmatrix} \varphi(t-4)+\varphi(t+1) \\ 0 \\ 0 \end{bmatrix}$$

$$\begin{bmatrix} \varphi(t) \\ 0 \\ 0 \end{bmatrix} \begin{bmatrix} \varphi(t-1) \\ 0 \\ 0 \end{bmatrix} \begin{bmatrix} \varphi(t-2) \\ 0 \\ 0 \end{bmatrix} \begin{bmatrix} \varphi(t-3)+\varphi(t+2) \\ 0 \\ 0 \end{bmatrix} \begin{bmatrix} \varphi(t-4)+\varphi(t+1) \\ 0 \\ 0 \end{bmatrix}$$

$\{a_i(t)\}_{i=11}^{20}$ 和 $\{a_i(t)\}_{i=21}^{30}$ 分别由上式各基矢量元素行轮换得到.

仿真结果如图 7.11~7.13 所示. 图 7.11(a)~(c)为刚体 C_1 姿态运动轨迹. 图 7.12(a)~(c)为刚体 C_2 姿态运动轨迹. 图 7.13(a)~(c)为球铰关节的最优控制输入规律. 仿真图中的三种曲线分别代表

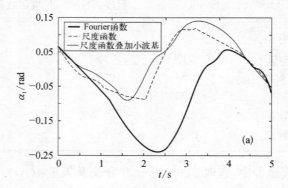

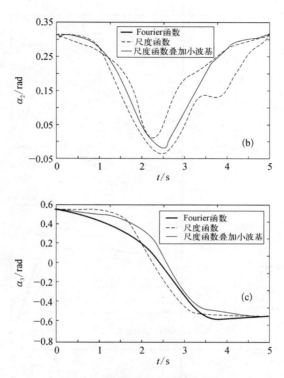

图 7.11　刚体 C_1 姿态运动优化轨迹

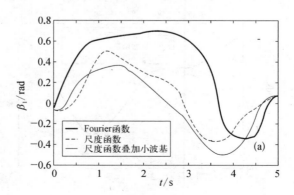

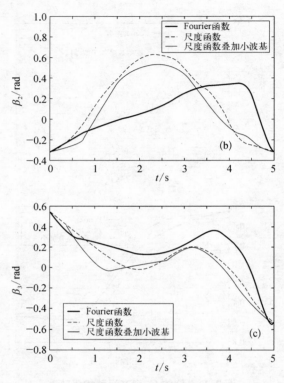

图 7.12   刚体 C_2 姿态运动优化轨迹

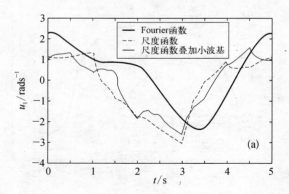

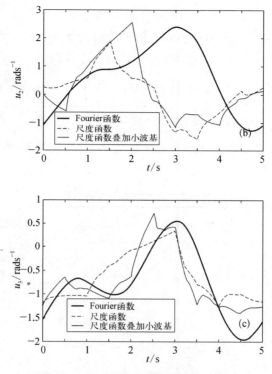

图 7.13 球铰关节的最优控制输入规律

了 Fourier 函数、尺度函数和尺度函数叠加小波函数的三种基矢量计算结果. 表 7.2 为三种基矢量计算结果比较.

表 7.2 三种基矢量计算机

	误差精度	目标函数 $J(\alpha)$
Fourier	0.010 617	30.151 334
$\varphi(t)$	0.010 140	30.059 632
$\varphi(t)+\psi(t)$	0.006 808	16.429 845

算例 2　万向节连接的双刚体航天器

设万向节连接的双刚体航天器系统初始 $q_0 = (\theta_{10}\ \ \theta_{20}\ \ \alpha_0^{\mathrm{T}})^{\mathrm{T}} \in \Re^5$ 和末端位形 $q_f = (\theta_{1f}\ \ \theta_{2f}\ \ \alpha_f^{\mathrm{T}})^{\mathrm{T}} \in \Re^5$ 分别为

$$q_0 = \begin{bmatrix} -1.141\,59 & 0 & 0.098\,5 & 0.323\,9 & 0.665\,8 \end{bmatrix}^{\mathrm{T}}$$

$$q_f = \begin{bmatrix} -1.141\,59 & 0 & -0.098\,5 & 0.323\,9 & -0.665\,8 \end{bmatrix}^{\mathrm{T}}$$

其中刚体 C_1 的姿态由 Rodrigues 参数表示. 遗传算法的控制参数分别列入表 7.3.

表 7.3　遗传算法的控制参数

	Fourier 函数	尺度函数	尺度函数叠加小波基
群体规模 M	50	30	60
染色体长度 L	14	10	20
交叉概率 P_c	0.80	0.85	0.85
变异概率 P_m	0.26	0.26	0.26
定标系数 k	-10	-50	-50
进化代数 R	3 500	5 000	5 000

设双刚体航天器由初始位形到末端位形运动时间为 $T = 5$ s. 在仿真试验中,分别选取 14 个 Fourier 正交基矢量、10 个尺度函数基矢量、20 个尺度函数与小波函数相叠加的基矢量作为控制输入函数 $u(t)$ 中 Φ 矩阵的列矢量.

仿真计算结果由图 7.14～7.16 给出. 图 7.14(a)～(c)为刚体 C_1 姿态运动轨迹. 图 7.15(a)～(b)为万向节关节角的运动轨迹. 图 7.16 (a)～(b)为万向节关节的最优控制输入规律. 图中三条曲线分别代表 Fourier 函数、尺度函数和尺度函数叠加小波函数三种基矢量计算结果. 表 7.4 为三种基矢量计算结果比较.

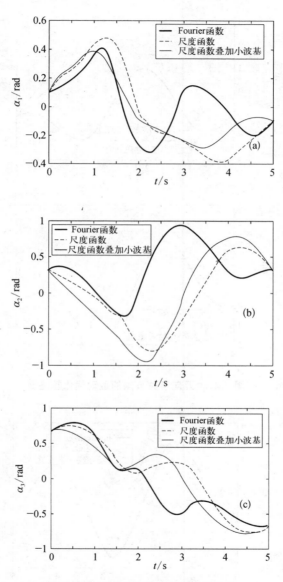

图 7.14　刚体 C₁ 姿态运动优化轨迹

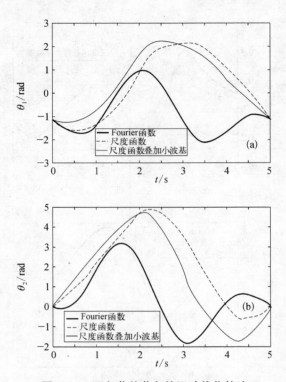

图 7.15 万向节关节角的运动优化轨迹

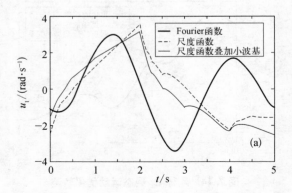

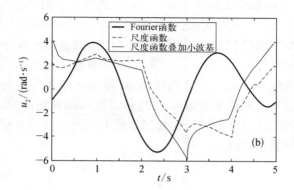

图 7.16   万向节关节的最优控制输入规律

表 7.4   三种基矢量计算结果比较

	误差精度	目标函数 $J(\alpha)$
Fourier	0.008 931	21.857 657
$\varphi(t)$	0.008 548	21.665 735
$\varphi(t) + \psi(t)$	0.005 617	12.836 379

7.5 本章小结

本章针对一般非完整多体系统运动模型,利用小波分析理论,将其引入最优控制中,提出一种非完整多体系统运动规划数值方法. 在控制输入中引入尺度函数和小波函数逼近,用以确定多体系统的控制输入和运动轨线. 通过本章分析和数值仿真结果表明:1) 多体航天器系统非线性控制问题可以转化为无漂移系统的非完整运动规划问题;2) 基于小波函数逼近的优化控制能有效求解多体航天器系统非完整运动规划问题;3) 使用尺度函数通常均能满足精度要求;

4）使用尺度函数迭加小波基函数可以达到更高的精度和指标函数得到进一步优化；5）从性能指标 $J(\alpha)$ 可以看出尺度函数比 Fourier 基函数能减少系统的控制能量消耗，而尺度函数叠加正交小波基使得控制能量消耗更少. 利用尺度函数和小波函数逼近的非完整运动规划控制输入信号是一种新方法的尝试. 尽管本章工作是针对空间多体链式模型和双刚体航天器模型的非完整运动规划问题，但提出基于小波逼近的非完整系统运动规划数值方法也为其他优化控制研究提供了一种新的思路.

第八章 结束语

8.1 工作总结

多体航天器姿态运动建模和非完整运动控制是以航天技术为应用背景的航天器姿态动力学研究领域重要课题,也是一般力学学科的前沿课题之一. 本文在国家自然科学基金项目"复杂航天器姿态运动的非线性控制"(批准号:10082003,参加)和"欠驱动非完整多体系统动力学与控制研究"(批准号:10372014,主持)资助下,对多体航天器姿态运动建模和非完整运动规划问题进行了较为系统和深入的研究.

本文的创新成果主要有以下几点:

(1)提出一种基于完全笛卡儿坐标的多体系统动力学微分-代数型方程符号线性化方法. 利用一种新型描述多体系统方法——完全笛卡儿坐标法,研究了多体系统动力学方程线性化问题. 对多体系统微分-代数方程先采用缩并法确定系统的独立广义坐标,然后利用逐步线性化方法和计算机代数,分别对多体系统微分-代数方程的广义质量阵,约束方程和广义力阵在平衡位置附近进行泰勒展开. 该方法具有程式化和通用性,能得到符号化的显示表达式. 通过算例的仿真分析,表明该方法能有效地应用于复杂多体系统动力学符号线性化分析及优化设计.

(2)提出了非完整运动规划的遗传优化算法. 将遗传算法引入非完整运动规划中,对遗传算法及其在非完整运动规划的应用进行了研究. 在遗传算法中运用实数编码、最优个体保护策略、自适应技术等,提高了算法的运算效率和求解精度. 该方法采用多点搜索和寻求

系统最优控制输入,即同时对搜索空间中多个解进行评估,因此搜索
到全局最优解的概率更大. 该方法应用于多体航天器姿态的非完整
运动规划问题研究,解决了具有非完整约束的空间机械臂、欠驱动航
天器和带太阳帆板航天器等姿态运动优化控制问题.

（3）提出了基于小波逼近的非完整运动规划数值方法. 其基本思
想是利用 Hilbert 空间的函数逼近,用多分辨分析将构造出来的小波
基张成小波子空间序列,控制输入函数在 n 维小波子空间上的投影就
是小波级数中前 n 项部分和. 分别用尺度函数和尺度函数叠加小波基
函数逼近控制输入函数,利用高斯-牛顿迭代求解得到最优控制输入
信号和非完整系统状态转换的优化轨迹. 并应用于多体航天器姿态
的非完整运动规划问题研究. 仿真结果表明,该方法是有效和可行的.

（4）提出一种基于小波逼近的非完整运动规划遗传算法. 将小波
分析与遗传算法相结合,分别用尺度函数或尺度函数叠加小波基函
数逼近系统控制输入函数,利用遗传算法搜索和寻求系统最优控制
输入从而得到系统的最优控制输入规律和系统姿态转换的优化轨
迹. 对具有平面结构的空间多体链式系统和空间双刚体航天器系统
实例仿真计算,验证了方法的有效性和可行性.

除此之外,作者还在论文中作了如下工作:

（1）采用完全笛卡儿坐标法,讨论空间多体航天器姿态运动建
模. 导出由完全笛卡儿坐标表示的系统动量和动量矩解析表达式;建
立了一种新型多体航天器系统姿态运动方程. 得到了空间机械臂关
节点和载体质心的速度映射关系. 利用该映射关系研究了空间机械
臂逆动力学问题的求解和仿真系统的建立,对作平面运动和空间运
动两种机械臂逆动力学问题进行了仿真求解,并和已有文献作了对
比验证.

（2）利用最优化技术和最优控制理论,结合非完整控制系统特
性,研究了多体航天器姿态的非完整运动规划问题. 利用系统动力学
方程降阶为非完整形式约束方程,将系统的控制问题转化为无漂移
系统的非完整运动规划问题. 给出了无漂移仿射系统的非完整运动

规划的高斯-牛顿方法. 并成功地应用于带有两个动量飞轮航天器姿态机动问题和带太阳帆板航天器在太阳帆板展开过程中的姿态定向控制问题.

（3）导出五种非完整多体航天器姿态运动模型, 并转换为无漂移非完整控制系统运动方程. 它们分别为

① 带有两个动量飞轮航天器；

② 带太阳帆板航天器；

③ 带空间机械臂的三维姿态运动航天器；

④ 具有平面结构的空间多体链系统；

⑤ 带球铰和万向节铰的空间双刚体航天器.

8.2 存在问题与展望

本文利用完全笛卡儿坐标, 建立了空间多体航天器姿态运动模型. 由于采用参考点和参考矢量描述物体的位置和姿态, 对于联结各刚体的关节运动副不如传统方法那样适用于系统的运动规划和控制. 尽管完全笛卡儿坐标的参考点和参考矢量可以转化为各种关节角度量, 但这给运动规划和控制带来了不便和困难, 尤其是控制问题.

其次是本文提出的多种非完整运动控制算法都是以无漂移非完整运动学模型为基础, 没有考虑带漂移项的运动学模型和非完整动力学模型. 一般来说, 运动学模型的控制算法可以推广到动力学模型, 但通常不宜直接推广到动力学模型, 需要附加设计. 实际工程系统中许多情况都是采用力或力矩进行控制, 虽然在某些情况下可以忽略系统的动力学部分, 但对系统性能要求较高时通常都要考虑系统的动力学控制, 在这种情况下控制输入的广义速度变成了状态而不是实际的控制输入.

最后存在的问题是本文研究多体航天器姿态的非完整运动规划, 即开环控制. 由于多体航天器姿态运动模型异常复杂, 控制算法的计算量很大, 给控制算法的设计带来了困难. 因此, 忽略了系统受

到的各种干扰和系统模型参数的不确定性等一些难以建模的因素.
然而当对控制系统性能要求较高时,系统模型参数的不确定和被忽
略的因素在实际系统中所产生的影响将是明显的.

非完整力学的研究已经有一百余年的历史,然而非完整控制问
题的研究也才有十余年时间. 正是由于非完整控制系统本身的复杂
性和广泛应用前景,引起人们关注,并成为力学和控制领域中的一个
重要课题. 除了以上存在问题需要研究外,还有许多其他待研究的问
题,如有漂移非完整系统的运动规划问题、非完整动力学模型的运动
规划问题、欠驱动系统运动规划问题、非完整系统与欠驱动系统的关
系等问题.

总之,非完整系统动力学与控制问题研究给科技人员提供了丰
富而具挑战意义的课题,同时也为科技工作者提供了发挥聪明才智
的舞台,正期望着新的方法、新的思想、新的创新注入,使这古老而又
年轻的研究领域焕发新姿.

参 考 文 献

1　刘延柱. 航天器姿态动力学. 北京：国防工业出版社，1995

2　马兴瑞，王本利，苟兴宇. 航天器动力学—若干问题进展及应用. 北京：科学出版社，2001

3　屠善澄. 卫星姿态动力学. 北京：宇航出版社，1999

4　Rimrott F. P. J. Introductory attitude dynamics. *New York: Springer-Verlag*，1988

5　Crouch P. E. Spacecraft attitude control and stabilization：applications of geometric control theory to rigid body models. *IEEE Transactions on Automatic Control*，1984；**29**（4）：321－331

6　Tsiotras P. , Viktoria Doumtchenko. Control of spacecraft state-of-the-art and open problems. *Journal of the Astronautical Sciences*，1995；**48**(2－3)：337－358

7　Krishnan H. , McClamroch N. H. , Reyhanoglu M. Attitude stabilization of a rigid spacecraft using two momentum wheel actuators. *Journal of Guidance，Control，and Dynamics*，1995；**18**(2)：256－263

8　Kobayashi K. , Yoshikawa T. Controllability of underactuated planar manipulators with one unactuated joint. *IEEE/RSJ Int. Conference on Intelligent Robots and System*，2000

9　Morin P. , Samson C. Time-varying exponential stabilization of the attitude of a rigid spacecraft with two controls. *IEEE Transactions on Automatic Control*，1997；**42**(4)：528－533

10　Tsiotras P. , Jihao Luo. Control of underactuated spacecraft with bounded inputs. *Automatica*，2000；**36**：1153 – 1169

11 Komanovsky H.，MacClamroch N. H. Developments in nonholonomic control systems. *IEEE Control Systems Magazine*，1995；**15**(6)：20 – 36

12 Nakamura Y.，Mukherjee R. Exploiting nonholonomic redundancy of free-flying space robots. *IEEE Transactions on Robotics and Automation*，1993；**9**(4)：499 – 506

13 Brockett R. W. Asymptotic stability and feedback stabilization. *In: Differential Geometric Control Theory*，*Birkhauser*，*Boston*，1983；181 – 191

14 Wichlund K. Y.，Sordalen O.，Egeland O. Control properties of underactuated vehicles. *Proceedings of the IEEE International Conference on Robotics and Automation*. 1995；2009 – 2014

15 Reyhanoglu M.，Schaft A.，McClamroch N.，Komlanovsky I. Dynamics and control of a class of underactuated mechanical systems. *IEEE Transactions on Automatic Control*，1999；**44**(9)：1663 – 1671

16 Shuster M. D. A Survey of attitude representations. *The Journal of the Astronautical Sciences*，1993；**41**(4)：439 – 517

17 刘辉，伍斯宾斯基. 基于刚体转动四元数模型的航天器再定向方案，航天控制，2000；(2)：22 – 27

18 刘延柱，马晓敏. 基于四元数的带飞轮航天器的自适应姿态控制，上海交通大学学报，2003；**37**(12)：1957 – 1960

19 Tsiotras P.，etc. Higher order cayley transforms with applications to attitude representations. *Journal of Guidance*，*Control*，*and Dynamics*，1997；**20**(3)：219 – 227

20 Tsiotras P.，Longuski J. M. A new parameterization of the attitude kinematics. *The Journal of the Astronautical*

Sciences，1995；**43**(3)：243－262

21 Tsiotras P. , Corless M. , Longuski J. M. A novel approach to the attitude control of axisymmetric spacecraft. *Automatica*，1995；**31**(8)：1099－1112

22 Magnus K. Dynamics of multibody system. *Berlin: Springer-Verlag*，1978

23 Haug E. J. Computer aided analysis and optimization of mechanical system dynamoics. *Berlin: Springer-Verlag*，1984

24 Roberson R. E. , Schwertassek R . Dynamics of multibody systems. *Berlin: Springer-Verlag*，1988

25 Bianch G. , Schielen W. Dynamics of multibody system. *Berlin: Springer-Verlag*，1986

26 Wittenburg J. W. Dynamics of system of rigid bodies. *Teubner, Stuttgart*，1977

27 刘延柱. 多刚体系统动力学的旋量-矩阵方法. 力学学报，1988；**20**(4)：335－344

28 Kane T. R. Levinson D. A. Formulation of equations of motion for complex spacecraft. *Journal of Guidance，Control and Dynamics*，1980；**3**(2)：99－112

29 Mukherjee R. , Chen D . Control of free-flying underactuated space manipulators to equilibrium manifolds. *IEEE Transactions on Robotics and Automation*，1993；**9**（5）：561－569

30 Dubowsky S. , Papadopoulos E . The kinematics，dynamics，and control of free-flying and free-floating space robotic systems. *IEEE Transactions on Robotics and Automation*，1993；**9**(5)：531－542

31 Walsh G. C. , Sastry S. S. , On reorienting linked rigid bodies using internal motions. *IEEE Transactions on Robotics and*

Automation，1995；**11**(1)：139 - 145

32　Vafe Z. Dubowsky S. , The kinematics and dynamics of space manipulators：the virtual manipulateor approach. *International Journal of Robotics Research*，1990；**9**(4)：3 - 21

33　Umetani Y. , Yoshida K. Resolved motion rate control of space manipulators with generalized Jacobian matrix. *IEEE Transactions on Robotics and Automation*，1989；**5**(3)：303 - 314

34　Papadopoulos E. , Moosavian S. A. Dynamics and control of space free-flyers with multiple manipulateors. *Advanced Robotics*，1995；**9**(6)：603 - 624

35　Saha S. K. A unified approach to space robot kinematics. *IEEE Transactions on Robotics and Automation*，1996；**12**(3)：401 - 405·

36　Bayo E. , *et al*. An efficient computational method for real time multibody dynamics simulation in fully Cartesian coordinates. *Computer Methods in Applied Mechanics and Engineering*，1991；**92**：377 - 395

37　Garcia de Jalon J. , Bayo E. Kinematics and dynamic simulation of multibody systems — the real time challenge. *Springer-Verlag*，1993

38　周军. 航天器控制原理. 西安：西北工业大学出版社，2001

39　杨大明. 空间飞行器姿态控制系统. 哈尔滨：哈尔滨工业大学出版社，2000

40　Lindberg R. E. , Longman R. W. , Zedd M. F. Kinematics and dynamic properties of an elbow manipulator mounted on a satellite. *The Journal of the Astronautical Science*，1990；**38**(4)：397 - 421

41　Yoshida K. Practical coordinateion control between satellite attitude and manipulateor reaction dynamoics based on computed momentum concept. *In: Graefe Volker, Proceedings of the IEEE International Conference on Intelligence Robots and Systems, Muinch, Germany*, 1994; 1554 – 1561

42 Vafa Z. , Dubowsky S. , On the dynamics of space manipulators using the virtual manipulator, with applications to path planning. *Joumol of the Astronautical Sciences*, 1990; **38**(4): 441 – 472

43 Nenchev D. , Umetani Y. Analysis of a redundant free-flying spacecraft/manipulator system. *IEEE Transactions on Robotics and Automation*, 1992; **8**(1): 1 – 6

44 Fernandes C. , Gurvits L. , Li Z. Attitude Control of a Space Platform/Manipulator Systems Using Internal Motion. *International Journal of Robotics Research*, 1994; **13**(4): 289 – 304

45 Fernandes C. , Gurvits L. , Li Z. Near-optimal nonholonomic motion planning for a system of coupled rigid bodies. *IEEE Transactions on Automatic Control*, 1994; **39**(3): 450 – 463

46 Papadopoulos E. , Moosavian S. A. A. Dynamics & control of multi-arm space robots during chase & capture operations. *In: Graefe Volker, Proceedings of the IEEE International Conference on Intelligent Robots and Systems, Munich, Germany*, 1994; 921 – 926

47 Garcia de Jalon J. , Unda J. , Avello A. , Jimenez J. M. Dynamic analysis of three dimensional mechanisms in "natural" coordinates. *Transactions of the ASME*, 1987; **109**(460)

48 Garcia de Jalon J. , Serna M. A. , Viadero F. , Flaquer J. A simple numerical method for the kinematic analysis of spatial mechanisms. *Transactions of the ASME*, 1982; **104**: 70 – 79

49 Garcia de Jalon J., Unda J., Avello A., Natural coordinates for the computer analysis of multibody systems. *Computer Methods in Applied Mechanics and Engineering*, 1986; **56**: 309 –327

50 洪嘉振. 计算多体系统动力学. 北京：高等教育出版社, 1999

51 刘延柱. 完全笛卡儿坐标描述的多体系统动力学. 力学学报, 1997; **29**(1): 84 – 94

52 Xin- Sheng Ge, Yan-Zhu Liu, Li-Qun Chen. Dynamical modeling of free multibody systems in fully Cartesian coordinates. *International Journal of Nonlinear Science and Numerical Simulations*, 2003; **4**(3): 279 – 287

53 Wallrapp O. Linearized flexible dynamics including geometric stiffening effects. *Mechanics of Structures and Machines*, 1991; **19**(3): 385 – 409

54 朱明. 多体系统动力学方程符号推导. 上海力学, 1995; **11**(1): 57 – 62

55 Potra F. A. Numerical methods for differential-algebraic equations with application to real-time simulation of mechanical systems. *ZAMM*, 1994; **74**(3): 177 – 187

56 Sohoni V. N., Whitesell J. Automatic linearization of constrained dynamical models. *Journal of Mechanisms, Transmissions, and Automation in Design*, 1986; **108**: 300 – 304

57 Lin T. C., Yae K. H. Recursive linearization of multibody dynamics and application to control design. *Journal of Mechanical Design*, 1994; **116**: 445 – 451

58 Trom J. D., Vanderploeg M. J. Automated linearization of nonlinear coupled differential and algebraic equations. *Journal of Mechanical Design*, 1994; **116**: 429 – 436

59　倪纯双，洪嘉振，贺启庸. 微分-代数型动力学模型的符号线性化方法. 力学学报，1997；**29**(4)：491－496

60　Junghsen L. Computer-oriented closed-form algorithm for constrained multibody dynamics for robotics applications. *Mechanics Machine Theory*，1994；**29**(3)：357－371

61　Junghsen L.，Imtiazul H. Symbolic closed-form modeling and linearization of multibody systems subject to control. *Transactions of the ASME*，1991；**113**：124－132

62　戈新生，赵维加，陈立群. 多体系统微分-代数方程符号线性化的完全笛卡儿坐标方法. 工程力学，2004；**21**(4)

63　Murray R. M.，Li Z.，Sastry S. S. A mathematical introduction to robotic manipulation. *CRC Press*，1994

64　陈滨. 分析动力学. 北京：北京大学出版社，1987

65　梅凤翔. 非完整系统力学基础. 北京：北京工业学院出版社，1985

66　Frangos C.，Yavin Y. Tracking control of a rolling disk. *IEEE Transactions on Systems，Man，and Cybernetics-Part B*，2000；**30**(2)：364－372

67　Jagannathan S.，Zhu S. Q.，Lewis F. L. Path planning and control of a mobile base with nonholonomic constraints. *Robotica*，1994；**12**：529－539

68　管贻生，何永强，张启先. 基于非完整运动规划的多手指灵巧操作. 自动化学报，2000；**26**(1)：7－15

69　Lamiraux F.，Laumond J. P.，Flatness and small-time controllability of multibody mobile robots：application to motion planning. *IEEE Transactions on Robotics and Automation*，2000；**45**(10)：1878－1881

70　杨凯，黄亚楼，徐国华. 带拖车的轮式移动机器人系统的建模与仿真. 系统仿真学报，2000；**12**(1)：43－46

71 董文杰，霍伟. 动态非完整控制系统的指数镇定及其在一类车式机器人中的应用. 机器人，1998；**20**(2)：88 - 92

72 Hu Y. R. , Vukovich G. Dynamic control of free-floating coordinated space robots. *Journal of Robotic Systems*, 1998；**15**(4)：217 - 230

73 Kim S. , Kim Y. , Spin-axis stabilization of a rigid spacecraft using two reaction wheels. *Journal of Guidance, Control, and Dynamics*, 2001；**24**(5)：1046 - 1049

74 Rui C. , Kolmanovsky I. V. , McClamroch N. H. , Nonlinear attitude and shape control of spacecraft with articulated appendages and reaction wheels. *IEEE Transactions on Automatic Control*, 2000；**45**(8)：1455 - 1469

75 Morin P. , Samson C. , Time-varying exponential stabilization of a rigid spacecraft with two control torques. *IEEE Transactions on Automatic Control*, 1997；**42**(4)：528 - 534

76 Kolmanovsky I. V. , McClamroch N. H. , Coppola V. T. Exact tracking for a planar multilink in space using internal actuation. *Proceedings of the American Control Conference Baltlmore, Maryland*, 1994；143 - 147

77 Astolfi A. , Ortega R. , Energy-based stabilization of angular velocity of rigid body in failure configuration. *Journal of Guidance, Control, and Dynamics*, 2002；**25**(1)：184 - 187

78 Tsiotras P. , Longuski J. M. , Spin-axis stabilization of symmetric spacecraft with two control torques. *Systems & Control Letters*, 1994；**23**：395 - 402

79 Tsiotras P. , Luo J. Control of underactuated spacecraft with bounded inputs. *Automatica*, 2000；**36**：1153 - 1169

80 Behal A. , Dawson D. , Zergeroglu E. , Fang Y. Nonlinear tracking control of an underactuated spacecraft. *Proceedings of*

the American Control Conference, Anchorage, AK May 8 - 10, 2002; 4684 - 4689

81 张兵，吴宏鑫. 非完整配置下姿态翻滚抑制的滑动控制. 宇航学报，2000; **21**(2): 35 - 42

82 Murray R. M., Sastry S. S. Nonholomomic motion planning: steering using sinusoide. *IEEE Transactions on Automatic Control*, 1993; **38**(5): 700 - 716

83 Teel A. R., Murray R. M., Walsh G. C. Non-holonomic control systems: form steering to stabilization with sinusoids. *Int. J. Control*, 1995; **62**(4): 849 - 870

84 Godhavn J. M., Balluchi A., Crawford L. S., Sastry S. S., Steering of a class of nonholonomic systems with drift terms. *Automatica*, 1999; **35**: 837 - 847

85 Walsh G. C., Bushnell L. G. Stabilization of multiple input chained form control systems. *System Control Letters*, 1995; **25**: 227 - 234

86 Bloch A. M., Reyhanoglu M. McClamroch N. H. Control and stabilization of nonholonomic dynamic systems. *IEEE Transactions on Automatic Control*, 1992; **37**(11): 1746 - 1756

87 Lafferriere G., Sussmann H. J. Motion planning for controllable systems without drift. *Proceedings of the 1991 IEEE, International Conference on Robotics and Automation*, Sacramento, California, 1991; 1148 - 1153

88 Leonard N. E., Krishnaprasad P. S. Motion control of drift-free, left-invariant systems on lie groups. *IEEE Transactions on Automatic Control*, 1995; **40**(9): 1539 - 1554

89 Lewis A. D., Simple mechanical control systems with constraints. *IEEE Transactions on Automatic Control*, 2000; **45**(8): 1420 - 1436

90 Tilbury Dawm. , Murray R. M. , Sastry S. S. , Trajectory generation for the n-trailer problem using goursat normal form. *IEEE Transactions on Robotics and Automation* , 1995; **40**(5): 802 – 819

91 Lafferriere G. , Sussmann H. J. A differential geometric approach to motion planning. *In Li Z. , canny J. F. , editors, Nonholonomic Motion Planning , Kluwer* , 1993; 235 – 270

92 M'closkey R. T. , Murray R. M. , Convergence rates for nonholonomic systems in power form. *Proceedings of the American Control Conference* , 1993; 2967 – 2972

93 Ostrowski J. Steering for a class of dynamic nonholonomic systems. *IEEE Transactions on Automatic Control* , 2000; **45** (8): 1492 – 1498

94 Pappas G. J. , Kyriakopoulos K. J. Stabilization of nonholonomic vehicles under kinematic constraints. *Int. J. Control* , 1995; **61**(4): 933 – 947

95 Kolmanovsky H. , *etc.* , Switched mode feedback control laws for nonholonomic systems in extended power form. *Systems & Control Letters* , 1996; **27**: 29 – 36

96 Kolmanovsky I. , McClamroch N. H. Controllability and motion planning for noncatastatic nonholonomic control systems. *Mathl. Comput. Modelling* , 1996; **24**(1): 31 – 42

97 Jagannathan S. , Zhu S. Q. , Lewis F. L. Path planning and control of a mobile base with nonholonomic constraints. *Robotica* , 1994; **12**: 529 – 539

98 Panteley E. , Jefeber E. , Loria A. , Nijmeijer H. Exponential tracking control of a mobile car using a cascaded approach. *IFAC Motion Control* , *Grencoble, France* , 1998; 201 – 206

99 Gurvits L. , Li Z. Smooth time periodic feedback soiutions for

nonholonomic Motion Planning. *In Li Z. and canny J. F., editors, Nonholonomic Motion Planning, Kluwer,* 1993; 53 – 108

100 Leonard N. E., Krishnaprasad P. S., Averaging for attitude control and motion planning. *Proceedings of the American Control Conference,* 1994; 157 – 162

101 Sekhavat S., Laumond J. L. Topological property for collision — free nonholonomic motion planning: the case of sinusoidal inputs for chained form systems. *IEEE Transactions on Automatic Control,* 1998; **14**(5): 671 – 680

102 Sreenath N. Nonlinear control of planar multibody systems in shape space. *Mathematics of Control, Signals, and Systems,* 1992; **5**: 343 – 363

103 Teel A. R., Murray R. M., Walsh G. C. Non-holonomic control systems: form steering to stabilization with sinusoids. *Int. J. Control,* 1995; **62**(4): 849 – 870

104 Kelly S. D., Murray R. M. Geometric Phases and Robotic Locomotion. *Proceedings of the IEEE International Conference on Robotics and Automation, Sacramento, California,* 1991; 2185 – 2189

105 Mukherjee R., Anderson D. P. A surface integral approach to the motion planning of nonholonomic systems. *Journal of Dynamic System, Measurement, and Control,* 1994; **116**: 315 – 324

106 Reyhanoglu M., McClamroch H. Planar reorientation maneuvers of space multibody systems using internal controls. *Journal of Guidance, Control, and Dynamics,* 1992; **15**(6): 1475 – 1480

107 Bushnell L., Tilbury D., Sastry S. S. Steering three-input

chained form nonholonomic systems using sinusoids: The fire truck example. *Proceedings of the European Control Conference*, 1993; 1432 – 1437

108 Murray R. M. Control of nonholonomic systems using chained form. *Fields Institute Communications*, 1993; 219 – 245

109 Divelbiss A. W., Wen J. A global approach to nonholonomic motion planning. *Proceedings of the 31st IEEE Conference on Decision and Control*, 1992; 1597 – 1602

110 Lindberg R. E., Longman R. W., Zedd M. F. Kinematics and dynamic properties of an elbow manipulator mounted on a satellite. *Journal of the Astronautical Science*, 1990; **38**(4): 397 – 421

111 Choset H. B., Kortenkamp D. Path planning and control for free-flying inspection robot in space. *Journal of Aerospace Engineering*, 1999; (4): 74 – 80

112 Lua A. D., Oriolo G. Nonholonomic behavior in redundant robots under kinematic control. *IEEE Transactions on Robotics and Automation*, 1997; **13**(5): 776 – 782

113 Yamada K., Yoshikawa S., Feedback control of space robot attitude by cyclic arm motion. *Journal of Guidance, Control, and Dynamics*. 1997; **20**(4): 715 – 720

114 Nakamura Y., Mukherjee R., Nonholonomic motion planning of space robots via a bi-directional approach. *IEEE Transactions on Robotics and Automation*, 1991; **7**(4): 500 – 514

115 刘延柱，顾晓勤. 空间机械臂逆动力学的 Liapunov 方法. 力学学报，1996；**28**(5): 558 – 563

116 Carroll V. L. C., Wilkey N. M. Optimal control of a satellite-robot system using direct collocation with non-linear

programming. Acta Astranautica, 1995；**36**(3)：149 - 162

117 Nakamura Y. , Suzuki T. Planning spiral motions of nonholonomic free-flying space robots. *Journal of Spacecraft and Rockets*, 1997；**34**(1)：137 - 143

118 王景，刘良栋. 双臂空间机器人利用内部运动的姿态控制. 宇航学报，2000；**21**(1)：28 - 35

119 赵晓东，王树国，严艳军，孙立宁. 基于轨迹规划的自由漂浮空间机器人抓取运动物体的研究. 宇航学报，2002；**23**(3)：48 - 51

120 Crouch P. E. Spacecraft attitude control and stabilization：application of geometric control theory to rigid body models. *IEEE Transactions on Automatic Control.* 1984；**29** （4）：87 - 95

121 Aeyels D. Stabilization by smooth feedback of the angular velocity of a rigid body. *Systems and Control Letters.* 1985；**5**：59 - 63

122 Krishnan H. , McClamroch N. H. , Reyhanoglu M. Attitude stabilization of a rigid spacecraft using two momentum wheel actuators. *Journal of Guidance, Control, and Dynamics*, 1995；**18** (2)：256 - 263

123 Krishnan H. , Reyhanoglu M. , McClamroch N. H. Attitude stabilization of a rigid spacecraft using two control torques：a nonlinear control approach based on the spacecraft attitude dynamics. *Automatica*, 1994；**30** (8)：1023 - 1027

124 Krishnaprasad P. S. Geometric phases and optimal reconfiguration for multbody systems. *In Proceedings of American Control Conference, New York*, 1990；2440 - 2444

125 Walsh G. , Montgomery R. , Sastry S. S. Orientation control of the dynamic satellite. *Proceedings of the American Control*

Conference Baltimore, *Maryland*，1994；138 – 142

126 Tsiotras P. , Luo J. H. Stabilization and tracking of underactuated axisymmetric spacecraft with bounded control. *Journal of Guidance*, *Control*, *and Dynamics*，1998；**21**(4)：412 – 420

127 Bloch A. M. , Krishnaprasad P. S. , Marsden J. E. , deAlvarez S. Stabilization of rigid body dynamics by internal and external torques. *Automatica*，1992；**28** (4)，745 – 756

128 Walsh G. C. , Sastry S. S. On Reorienting linked rigid bodies using internal motions. *IEEE Trans. Robot. Automatica.*，1995；**11**(1)：139 – 145

129 Kane T. , Scher M. Adynamic explanation of falling cat phenolmenon. *Inter. Journal of Solid Structures*，1969；**5**：663 – 670

130 Reyhanoglu M. , McClamroch N. H. , Bloch A. M. Motion planning for nonholonomic dynamic systems. *In Li Z. and canny J. F.*, *editors*, *Nonholonomic Motion Planning*, *Kluwer*，1993；201 – 234

131 吴沧浦. 最优控制的理论与方法. 北京：国防工业出版社，2000

132 符曦. 系统最优化及控制. 北京：机械工业出版社，1998

133 Sage A. P. , White C. C. Optimum Systems Control. New Jersey：Prentice-Hall，Inc. 1977

134 袁亚湘，孙文瑜. 最优化理论与方法. 北京：科学出版社，2001

135 陈宝林. 最优化理论与算法. 北京：清华大学出版社，1989

136 Brockett R. W. Control theory and singular Riemannian geometry. *In Hinton P. and Young G. editors*, *New Directions in Applied Mathematics*，11 – 27，*Springer-Verlag*，New York，1981

137　Brockett R. W. ，Dai L. Nonholonomic kinematics and the role of elliptic functions in constructive controllability. *In Li Z. and Canny J. F. editors*，*Nonholonomic Motion Planning*，1‑22，Kluwer，1993

138　Murray R. M. ，Li Z. ，Sastry S. S. A mathematical introduction to robotic manipulation. *CRC Press*，1994

139　吴受章. 应用最优控制. 西安：西安交通大学出版社，1988

140　Courant R. ，Hilbert D. 数学物理方法（Ⅰ）. 钱敏，郭敦仁译，北京：科学出版社，1987

141　陆文端. 微分方程中的变分方法. 北京：科学出版社，2003

142　刘延柱，洪嘉振，杨海兴. 多刚体系统动力学. 北京：高等教育出版社，1989

143　戈新生，陈立群，刘延柱. 带有两个动量飞轮刚体航天器姿态的非完整运动规划问题. 控制理论与应用，2004；**21**(6)

144　戈新生，陈立群，刘延柱. 带有两个动量飞轮的刚体航天器姿态控制研究. 力学学报，2002；**34**(S)：99‑102

145　Xin‑sheng Ge，Li‑qun Chen，Yan‑zhu Liu. Optimal control method of stretching process of solar wings on multibody spacecraft. *Proceedings of the 4th World Congress on Intelligent Control and Automation（June，2002，Shanghai China）（Press of East China University of Science and Technology）*. (1)：255‑258

146　Xin‑Sheng Ge，Li‑Qun Chen，Yan‑Zhu Liu. Nonlinear optimal control for the attitude of multibody spacecraft. *Transactions of the CSME，submitted*

147　HollandJ. H. Adaptation in natural and Artificial Systems. *The University of Michigan Press*，1975

148　陈国良等. 遗传算法及其应用. 北京：人民邮电出版社，1996

149　李敏强等. 遗传算法的基本理论与应用. 北京：科学出版

社，2002

150 王小平，曹立明. 遗传算法-理论、应用与软件实现. 西安：西安交通大学出版社，2002

151 Goldberg D. E. Real-coded genetic algorithm, virtual alphabets and blocking. *Complex System*，1991；**5**（2）：139 – 167

152 Michalewicz Z. Genetic algorithms ＋ data structures ＝ evolution programs. New York：*Springer-Verlag*，*3rd edition*，1996

153 Michalewicz Z. , Krawczyk J. , Janikow C. Genetic algorithms and optimal control problems. *In Proceedings of 29th IEEE Conference on Decision and Control*，1990；1664 – 1666

154 Qi X. F. , Palmieri F. Adaptive mutateon in the genetic algorithm. *In Proceedings of the Second Annual Conference on Evolutionary programming*. 1993；192 – 196

155 Vose M. D. Generalizing the notion of schema in genetic algorithms. *Artificial Intelligence*，1991；**50**：385 – 396

156 恽为名，席裕庚. 遗传算法的运行机理分析. 控制理论与应用，1996；**13**(3)：297 – 304

157 徐宗本，高勇. 遗传算法过早收敛现象的特征分析及其预防. 中国科学(E 辑)，1996；**26**(4)：364 – 375

158 王蕾，沈庭芝，招扬. 一种改进的自适应遗传算法. 系统工程与电子技术，2002；**24**(5)：342 – 347

159 Shabana A. A. Dynamics of multibody systems. New York：*John Wiley & Sons, Inc.* 1989

160 戈新生，陈立群，吕杰. 空间机械臂的非完整运动规划遗传算法研究. 宇航学报，2004；**25**(5)

161 戈新生，吕杰，陈立群. 带空间机械臂航天器利用内部运动的姿态控制. 海峡两岸动力学、控制和变分原理研讨会论文集，

北京，2003，144 – 150

162　Xin- Sheng Ge，Li-Qun Chen. Attitude control of a rigid spacecraft with two momentum wheel actuators using genetic algorithm. *Acta Astronautica*，2004；**55**(1)：3 – 8

163　Xin-Sheng Ge，Li-Qun Chen，Yan-Zhu Liu. Nonlinear optimal control for the attitude of multibody spacecraft. *Transactions of the CSME*，*submitted*

164　崔景泰(美). 小波分析导论. 程正兴译，西安：西安交通大学出版社，1995

165　赵松年，熊小芸. 子波变换与子波分析. 北京：电子工业出版社，1996

166　冯象初，甘小冰，宋国乡. 数值泛函与小波理论. 西安：西安电子科技大学出版社，2003

167　刘培德. 泛函分析基础. 武汉：武汉大学出版社，2001

168　Mallat S. A theory for multiresolution signal decomposition：the wavelet representation. *IEEE Trans. on Pattern Anal. and Mach. Intel.*，1989；**11**(7)：674 – 693

169　Daubechies I. Orthonormal base of compactly supports wavelets. *Comm. on Pure. and Appl. Math.*，1988；XLI：901 – 996

170　戈新生，陈立群，吕杰. 基于小波逼近的机械系统非完整运动规划数值方法. 机械工程学报，2004；**40**(8)

171　Xin- Sheng Ge，Li-Qun Chen. Motion control of a nonholonomic mechanical system based on the genetic algorithm with wavelet approximation. *International Journal of Mechanical Science*，*submitted*

致 谢

本文是在陈立群教授悉心指导和热情关心下完成的. 在作者攻读博士学位期间，陈立群教授给予了多方面的支持和帮助，在课题的研究过程中给予了有效的建议和指导. 陈立群教授广博的学识，敏锐的学术洞察力和对科学研究执著的敬业精神，为作者今后的科研工作树立了榜样. 导师对作者学术研究提供了宽松和自由的工作环境以及在国外访问期间为作者的学位论文选题提供了大量国外最新资料，这些都对作者有很大的启迪和帮助，使作者获益良多. 在此谨向陈立群教授表示衷心的感谢.

上海交通大学刘延柱先生也对作者给予了许多关怀. 正是在刘延柱先生的关心和教育下使我一步步迈进一般力学科学研究的殿堂. 从先生身上，让我感受到了前辈科学家高深的学术造诣，一丝不苟的工作作风和严谨求实的治学态度，这一切将使我终生受益. 作者谨此向刘延柱先生表示深深的谢意.

感谢力学所和力学系郭兴明教授、戴世强先生、程昌钧先生、张俊乾教授、罗仁安教授、麦穗一老师对作者在上海大学及上海应用数学和力学研究所期间的学习给予的关心和帮助.

感谢室友赵维加博士在英语方面曾给予的帮助. 对作者在博士学习和研究期间给予过关心和帮助的傅景礼博士、薛耘博士、杨晓东博士、张伟博士、张宏斌博士、刘荣万博士、郑春龙博士、刘芳硕士、吴俊硕士和李晓军硕士表示致谢.

本文的研究工作还得到了张奇志教授，张树人副馆长，吕杰硕士等人的支持和帮助. 张奇志教授曾与作者进行过多次广泛的讨论与交流；张树人副馆长在作者图书馆工作期间曾给予帮助和配合，并在作者到上海学习期间代理馆里工作；吕杰硕士在计算机绘图方面提供了帮助. 在此一并表示诚挚的谢意.

感谢妻子厉虹对作者学术研究给予的长期支持、理解和鼓励. 本人在攻读博士学位期间，她在完成本职工作和承担全部家务劳动的同时，还代作者录入博士学位论文和整理资料等工作. 感谢母亲对儿子一贯的关心与支持. 感谢女儿戈晓靓对父亲攻读博士学位的支持.

作者研究工作得到国家自然科学基金项目（No. 10082003，No. 10372014）资助，在此一并鸣谢！